3 有効数字を用いるときの注意

1) 問題文中に与えられた整数や公式中の整数
  整数は測定値ではなく確定した値と考え, 有効数字の桁数は考えない。

例 質量 7.8 kg のおもり 9 個の, 合計の質量

$$
\begin{array}{r}
7.8 \ \leftarrow 2\,桁 \\
\times \quad 9 \ \leftarrow 1\,桁とは考えない \\
\hline
70.2 \ \leftarrow 2\,桁
\end{array}
$$

2) 定数
  $\sqrt{2}$, π のように, 定数を用いて計算するときは, 有効数字の桁数より 1 桁多い値を用いる。

例 半径 2.5 m の円周の長さ

$7.8 \times 9 = 70.2$
$= 7.0 \times 10$
答 7.0×10 kg

$$2\pi \times 2.5 = 2 \times 3.14 \times 2.5 = 3.14 \times 5.0 = 15.7$$
$$= 1.6 \times 10$$
答 1.6×10 m

（3桁 2桁 → 2桁）

---

3 三角比

1 三角比の定義

図のような直角三角形 ABC において, 三角比はそれぞれ

$$\sin\theta = \frac{a}{c} \qquad \cos\theta = \frac{b}{c} \qquad \tan\theta = \frac{a}{b}$$

と表される。

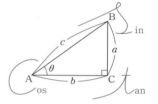

2 物理でよく使われる角度の三角比

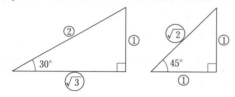

θ	0°	30°	45°	60°	90°
$\sin\theta$	0	$\dfrac{1}{2}$	$\dfrac{1}{\sqrt{2}}$	$\dfrac{\sqrt{3}}{2}$	1
$\cos\theta$	1	$\dfrac{\sqrt{3}}{2}$	$\dfrac{1}{\sqrt{2}}$	$\dfrac{1}{2}$	0
$\tan\theta$	0	$\dfrac{1}{\sqrt{3}}$	1	$\sqrt{3}$	−

3 物理での三角比の使い方

例 斜面上の物体にはたらく重力の分解

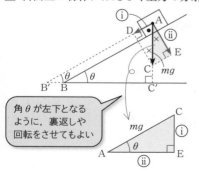

角 θ が左下となるように, 裏返しや回転をさせてもよい

1) 重力 mg を斜面に $\begin{cases} 平行な向き（ⓘ） \\ 垂直な向き（ⓘⓘ） \end{cases}$ に分解する

2) $\angle AC'B' = \angle ADC = 90°$ である

3) $\triangle AB'C'$ において $\theta + \bullet = 90°$ であり,
   $\triangle ACD$ において $\times + \bullet = 90°$ だから, $\times = \theta$

4) $\angle ACD$ と $\angle CAE$ は錯角だから, $\angle CAE = \times = \theta$

5) $\dfrac{ⓘ}{mg} = \sin\theta$, $\dfrac{ⓘⓘ}{mg} = \cos\theta$

6) 重力の斜面に $\begin{cases} 平行な成分は, ⓘ = mg\sin\theta \\ 垂直な成分は, ⓘⓘ = mg\cos\theta \end{cases}$

■■■ 本書の特徴と構成

▶本書の特徴

　本書は，高等学校「物理基礎」の学習内容の定着をはかるためにつくられた，これまでにない問題集です。「読んでわかる」だけでなく「読んで解ける」を基本理念とし，物理が苦手な生徒の「こんな問題集が欲しい」という希望を形にしました。

▶本書の構成

◎中学までの復習	授業前に確認することでスムーズに高校の授業に入れます。 （中学の内容と高校の内容で混乱が生じやすい場合は省略）
◎確認事項	物理基礎の要点を，「先生の黒板書き」のような紙面でまとめました。授業の前後にここを見ることで，理解が深まります。
◎例題	典型的な問題を，「先生による解説」のような紙面で扱いました。問題を解くときの思考のプロセスを「基本プロセス」として明示しています。
◎類題	例題と同じ方法（プロセス）で解ける問題により，基礎が身につきます。
◎練習問題	類題より少し高度な問題で，応用力が身につきます。
◎センター過去問演習	センター試験の過去問題で演習することにより，習熟の確認ができます。また，大学入学共通テストの出題形式にも慣れることができます。
◎大学入学共通テスト 　特別演習	大学入学共通テストの予想問題で，特有の考え方や思考力が身につきます。

▶マークについて

ベストフィット	問題を解くうえで重要となる公式や概念
発展	「物理基礎」での学習指導要領外の内容。または，少し高度な内容
数トレ	数学の補習問題
リード文check	物理特有の表現や，立式への糸口に関する説明
プロセス 0	リード文を読みながら，まず最初にかくべき図
プロセス 1 プロセス 2 プロセス 3	問題を解くときの思考のプロセスを3つに分割した「基本プロセス」
❓	思考力・判断力・表現力等が特に求められる問題

ベストフィット物理基礎

目 次

▶ **1**　速度　*velocity*

● 中学までの復習 ●

速さと向き，平均の速さ，瞬間の速さ，cm/s，km/h

● 確認事項 ●　以下の空欄に適当な語句・数値を入れよ。

1 変化量 Δx

● 変化量 Δx（デルタ）……ある物理量 x が，x_1 から x_2 へと変化したときの物理量の変化

$$\Delta x = x_2 - x_1 = (変化後の物理量) - (変化前の物理量)$$

ex　温度 t〔℃〕の変化量；16〔℃〕から 34〔℃〕への変化
$$\Delta t = (\underset{①}{\quad}) - (\underset{②}{\quad}) = (\underset{③}{\quad})$$
よって，温度の変化量は（　$\underset{④}{\quad}$　）〔℃〕

2 時刻と時間

● 時刻 t〔s〕……時間軸上のある 1 点（ある瞬間）

● 時間 Δt〔s〕……時刻と時刻の間（時刻の変化量）

$$\Delta t = t_2 - t_1 = (変化後の時刻) - (変化前の時刻)$$
（Δ（デルタ）を省略して単に t とかくこともある）

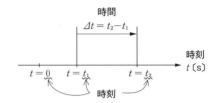

3 変位，移動距離，道のり

● 変位 Δx〔m〕……物体がどの向きに，どれだけ移動したかを表す量（位置の変化量）

$$\Delta x = x_2 - x_1 = (\underset{⑤}{\qquad}) の位置座標 - (\underset{⑥}{\qquad}) の位置座標$$
（Δ（デルタ）を省略して単に x とかくこともある）

● （移動）距離 $|\Delta x|$〔m〕……変位 Δx の大きさ

● 道のり s〔m〕……経路に沿った（移動）距離の総和

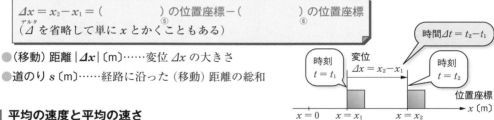

4 平均の速度と平均の速さ

● 平均の速度 $\bar{v}$（ヴィ・バー）〔m/s〕……単位時間あたり（1 秒あたり）の変位

$$\bar{v} = \frac{\Delta x}{\Delta t} = \frac{x_2 - x_1}{t_2 - t_1} = \frac{(変位)}{(時間)}$$

● 平均の速さ $|\bar{v}|$〔m/s〕……平均の速度の大きさ

● ベストフィット

＜大きさのみをもつ量＞	＜大きさと向きの両方をもつ量＞
時間　　Δt〔s〕	
（移動）距離　$|\Delta x|$〔m〕	変位　Δx〔m〕
平均の速さ　$|\bar{v}|$〔m/s〕	平均の速度　$\bar{v}$〔m/s〕

（**解答**）　① 34　② 16　③ 18　④ 18　⑤ 変化後　⑥ 変化前

5 平均の速度と瞬間の速度

● **x-t グラフ**……縦軸が位置座標 x〔m〕，横軸が時刻 t〔s〕のグラフ

● **平均の速度 $\bar{v}$〔m/s〕**

  ……時間 Δt（$= t_2 - t_1$）における速度の平均

  →ある時間における x-t グラフの 2 点間の傾き

$$\bar{v} = \frac{\Delta x}{\Delta t} = \frac{x_2 - x_1}{t_2 - t_1}$$

  （平均の速度）＝（x-t グラフの 2 点間の傾き）

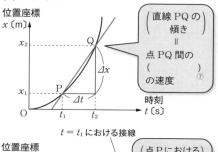

（直線 PQ の傾き）＝ 点 PQ 間の（　　　）の速度 ⑦

● **瞬間の速度 v〔m/s〕**……平均の速度において，時間 Δt を限りなく小さくしたときの速度

  →ある時刻における速度

  →ある時刻における x-t グラフの接線の傾き

  （瞬間の速度）＝（x-t グラフの接線の傾き）

$t = t_1$ における接線

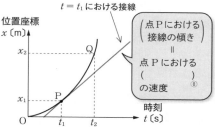

（点 P における接線の傾き）＝ 点 P における（　　　）の速度 ⑧

6 速度の合成

● **合成速度 v〔m/s〕**……2 つ以上の速度を足し合わせたもの

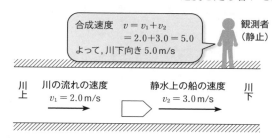

合成速度 $v = v_1 + v_2$ = 2.0 + 3.0 = 5.0 よって，川下向き 5.0 m/s

観測者（静止）

川上　　川の流れの速度 $v_1 = 2.0$ m/s　　静水上の船の速度 $v_2 = 3.0$ m/s　　川下

▶ ベストフィット

一方の速度 v_1 の矢印の先にもう一方の速度 v_2 の矢印をつけ加えると，全体の矢印が合成速度 v となる。

$$v = v_1 + v_2$$

7 相対速度

● **相対速度 v_{AB}〔m/s〕**……A から見た（A に対する）B の相対速度

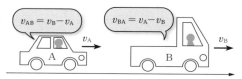

$v_{AB} = v_B - v_A$　　$v_{BA} = v_A - v_B$

*B から見た（B に対する）A の相対速度 v_{BA}

$$v_{BA} = v_A - v_B$$
$$= -(v_B - v_A)$$
$$= -v_{AB}$$

よって　$v_{BA} = -v_{AB}$

相対速度は，立場を逆転させると，大きさは（　　　）⑨，向きは（　　　）向き ⑩

▶ ベストフィット

A，B の速度 v_A，v_B の矢印の出発点をそろえる。自分（観測者）の矢印の先から，相手の矢印の先へ向かう矢印が相対速度となる。

$$v_{AB} = v_B - v_A$$
$$= （相手 B の速度）-（自分 A の速度）$$

1 章 物体の運動

図の右向きを x 軸の正の向きとする。時刻 $1.0\,\mathrm{s}$ のときに $x=2.0\,\mathrm{m}$ の位置を通過した物体が，時刻 $2.0\,\mathrm{s}$ のときに $x=6.0\,\mathrm{m}$ の位置を通過した。

(1) この間に経過した時間を求めよ。

(2) この間の物体の<u>変位</u>を求めよ。❶

(3) この間の物体の<u>移動距離</u>を求めよ。❶

(4) この間の物体の<u>平均の速度</u>を求めよ。❷

(5) この間の物体の速度が一定であったとして，$x\text{-}t$ グラフをかけ。

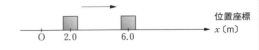

解答

(1) $1.0\,\mathrm{s}$ (2) $+4.0\,\mathrm{m}$（右向き $4.0\,\mathrm{m}$）

(3) $4.0\,\mathrm{m}$ (4) $+4.0\,\mathrm{m/s}$（右向き $4.0\,\mathrm{m/s}$）

(5) 解説参照

リード文check

❶—変位は向きと大きさの両方。移動距離は大きさのみ

❷—速度は向きと大きさの両方　（速さは大きさのみ）

■ **物理量の数値計算をする基本プロセス** Process

プロセス **0**

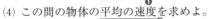
$t_1 = 1.0\,\mathrm{s}$　Δx　$t_2 = 2.0\,\mathrm{s}$
O　$x_1 = 2.0\,\mathrm{m}$　$x_2 = 6.0\,\mathrm{m}$　$x\,[\mathrm{m}]$

プロセス **1** 文字式で表す

プロセス **2** 数値を代入する

プロセス **3** 物理量は〔数値〕×〔単位〕で表す

解説

(1) プロセス **1** 文字式で表す

求める時間を $\Delta t\,[\mathrm{s}]$ とする。

$\Delta t = t_2 - t_1$

プロセス **2** 数値を代入する

$\Delta t = 2.0 - 1.0 = 1.0\,[\mathrm{s}]$

プロセス **3** 物理量は〔数値〕×〔単位〕で表す

答 $1.0\,\mathrm{s}$

(2) **1** 求める変位を $\Delta x\,[\mathrm{m}]$ とする。

$\Delta x = x_2 - x_1$

2 $= 6.0 - 2.0$

$= 4.0\,[\mathrm{m}]$

> 正の向きが定められているとき，向きは符号で示せばよい

3 **答** $+4.0\,\mathrm{m}$（右向き $4.0\,\mathrm{m}$）

(3) 移動距離は変位 Δx の大きさ $|\Delta x|$ のことである。　**答** $4.0\,\mathrm{m}$

(4) **1** 求める平均の速度を $\overline{v}\,[\mathrm{m/s}]$ とする。

$\overline{v} = \dfrac{\Delta x}{\Delta t}$

2 $= \dfrac{4.0}{1.0}$

$= 4.0\,[\mathrm{m/s}]$

> 正の向きが定められているとき，向きは符号で示せばよい

3 **答** $+4.0\,\mathrm{m/s}$（右向き $4.0\,\mathrm{m/s}$）

(5) **答** 位置座標 $x\,[\mathrm{m}]$　$x\text{-}t$ グラフ

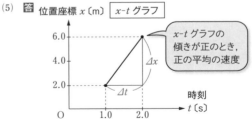

> $x\text{-}t$ グラフの傾きが正のとき，正の平均の速度

類題 **1** 変位と平均の速度

図の右向きを x 軸の正の向きとする。時刻 $1.0\,\mathrm{s}$ のときに $x=1.0\,\mathrm{m}$ の位置を通過した物体が，時刻 $3.0\,\mathrm{s}$ のときに $x=5.0\,\mathrm{m}$ の位置を通過した。

(1) この間に経過した時間を求めよ。

(2) この間の物体の変位を求めよ。

(3) この間の物体の移動距離を求めよ。

(4) この間の物体の平均の速度を求めよ。

(5) この間の物体の速度が一定であったとして，$x\text{-}t$ グラフをかけ。

例題 2 x-t グラフ，v-t グラフ

x 軸上を運動する物体の x-t グラフがある。

(1) $t = 0\,\mathrm{s}$ から $t = 2.0\,\mathrm{s}$ の間の平均の速度を求めよ。❶

(2) $t = 2.0\,\mathrm{s}$ から $t = 4.0\,\mathrm{s}$ の間の平均の速度を求めよ。

(3) $t = 4.0\,\mathrm{s}$ から $t = 8.0\,\mathrm{s}$ の間の平均の速度を求めよ。

(4) $t = 0\,\mathrm{s}$ から $t = 8.0\,\mathrm{s}$ の間の v-t グラフをかけ。

(5) $t = 0\,\mathrm{s}$ から $t = 8.0\,\mathrm{s}$ の間の道のりを求めよ。❷

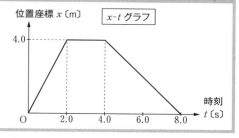

解答

(1) $+2.0\,\mathrm{m/s}$　(2) $0\,\mathrm{m/s}$　(3) $-1.0\,\mathrm{m/s}$

(4) 解説参照　(5) $8.0\,\mathrm{m}$

リード文check

❶ — (平均の速度) $=$ (x-t グラフの傾き)。速度は向きも必要

❷ — 移動距離の総和

■ x-t グラフの基本プロセス　**Process**

プロセス 0

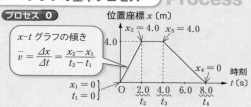

x-t グラフの傾き
$$\overline{v} = \frac{\Delta x}{\Delta t} = \frac{x_2 - x_1}{t_2 - t_1}$$

プロセス 1 文字式で表す

プロセス 2 グラフから数値を読みとって代入

プロセス 3 答えは〔数値〕×〔単位〕で表す

数直線上の向きは＋や－で表す

解説

(1) **プロセス 1** 文字式で表す

求める平均の速度を $\overline{v_1}$ 〔m/s〕とする。

$$\overline{v_1} = \frac{\Delta x}{\Delta t} = \frac{x_2 - x_1}{t_2 - t_1}$$

x-t グラフの傾き

プロセス 2 グラフから数値を読みとって代入

$$\overline{v_1} = \frac{4.0 - 0}{2.0 - 0} = 2.0 \;〔\mathrm{m/s}〕$$

プロセス 3 答えは〔数値〕×〔単位〕で表す

答　$+2.0\,\mathrm{m/s}$

数直線上の向きは＋や－で表す！

(2) **1** (1)と同様に　$\overline{v_2} = \dfrac{x_3 - x_2}{t_3 - t_2}$

2 $= \dfrac{4.0 - 4.0}{4.0 - 2.0} = 0 \;〔\mathrm{m/s}〕$

3 答　$0\,\mathrm{m/s}$

傾きが0なら速度も0

(3) **1** (1)と同様に　$\overline{v_3} = \dfrac{x_4 - x_3}{t_4 - t_3}$

2 $= \dfrac{0 - 4.0}{8.0 - 4.0} = -1.0 \;〔\mathrm{m/s}〕$

3 答　$-1.0\,\mathrm{m/s}$

(4) 答

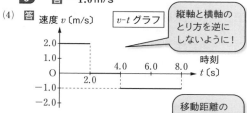

縦軸と横軸のとり方を逆にしないように！

移動距離の総和が道のり

(5) 求める道のりを s〔m〕とする。

$$s = |x_2 - x_1| + |x_3 - x_2| + |x_4 - x_3|$$
$$= |4.0 - 0| + |4.0 - 4.0| + |0 - 4.0|$$
$$= 8.0 \;〔\mathrm{m}〕$$ 答　$8.0\,\mathrm{m}$

類題 2 x-t グラフ，v-t グラフ

x 軸上を運動する物体の x-t グラフがある。

(1) $t = 0\,\mathrm{s}$ から $t = 2.0\,\mathrm{s}$ の間の平均の速度を求めよ。

(2) $t = 2.0\,\mathrm{s}$ から $t = 4.0\,\mathrm{s}$ の間の平均の速度を求めよ。

(3) $t = 6.0\,\mathrm{s}$ から $t = 8.0\,\mathrm{s}$ の間の平均の速度を求めよ。

(4) $t = 0\,\mathrm{s}$ から $t = 8.0\,\mathrm{s}$ の間の v-t グラフをかけ。

(5) $t = 0\,\mathrm{s}$ から $t = 8.0\,\mathrm{s}$ の間の道のりを求めよ。

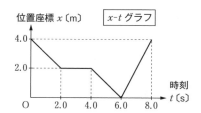

例題 3 合成速度，相対速度

速さ 2.0 m/s で，西から東へ向かって川が流れている。静水① 上で 3.0 m/s で進む船 A，B について，以下の量を求めよ。

(1) 川岸にいる観測者 C から見た，船 A の速度 v_A〔m/s〕

(2) 川岸にいる観測者 C から見た，船 B の速度 v_B〔m/s〕

(3) 船 A が川を 100 m 下るのにかかる時間 t_A〔s〕

(4) 船 B が川を 100 m 上るのにかかる時間 t_B〔s〕

(5) 船 A から見た，船 B の相対速度 v_{AB}〔m/s〕

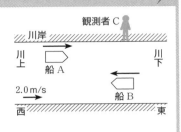

解答

(1) 東向き 5.0 m/s　(2) 西向き 1.0 m/s

(3) 20 s　(4) 1.0×10^2 s　(5) 西向き 6.0 m/s

リード文check

❶—水が流れていないときの水面

❷—合成された速度。(船の静水上での速度)＋(川の速度)

■ 合成速度の基本プロセス Process

プロセス 0

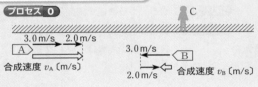

合成速度 v_A〔m/s〕　　　合成速度 v_B〔m/s〕

プロセス 1 正の向きを定め，＋や−で速度の向きを表す

プロセス 2 向きに注意して合成する

プロセス 3 速度の向きの表し方に注意する

解説

(1) **プロセス 1** 正の向きを定め，＋や−で速度の向きを表す

　　東向きを正とする。

　プロセス 2 向きに注意して合成する

　　$v_A = (+3.0) + (+2.0)$
　　　　$= +5.0$〔m/s〕

　　　　東向きの速度は＋で向きを表す！

　プロセス 3 速度の向きの表し方に注意する

　　答 東向き 5.0 m/s

(2) **2**　$v_B = (-3.0) + (+2.0)$
　　　　　$= -1.0$〔m/s〕

　　　西向きの速度は−で向きを表す！

　3　**答 西向き 1.0 m/s**

(3) (移動距離) ＝ (速さ) × (時間)
　　$|x_A| = |v_A| \times t_A$
　　$100 = 5.0 \times t_A$
　　$t_A = 20$〔s〕　**答 20 s**

(4) (移動距離) ＝ (速さ) × (時間)
　　$|x_B| = |v_B| \times t_B$
　　$100 = 1.0 \times t_B$
　　$t_B = 100$〔s〕　**答 1.0×10^2 s**

(5)　$v_{AB} = v_B - v_A$
　　　　$= (-1.0) - (+5.0)$
　　　　$= -6.0$〔m/s〕

　　　(相対速度)
　　　＝ (相手の速度)
　　　　−(自分の速度)

　　答 西向き 6.0 m/s

類題 3 合成速度，相対速度

図の右向きへ一定の速さ 1.0 m/s で動く歩道がある。静止した床では速さ 2.0 m/s で歩くことができる人 A，B について，以下の量を求めよ。

(1) 静止した床にいる観測者 C から見た，A の速度 v_A〔m/s〕

(2) 静止した床にいる観測者 C から見た，B の速度 v_B〔m/s〕

(3) C のいる床上での 30 m を，A が歩道上で進むのにかかる時間 t_A〔s〕

(4) A から見た，B の相対速度 v_{AB}〔m/s〕

(5) B から見た，A の相対速度 v_{BA}〔m/s〕

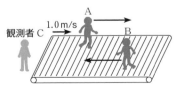

$$\blacktriangleright\cdots\blacklozenge\cdots\blacklozenge\cdots\blacklozenge\cdots \boxed{練習問題} \cdots\blacklozenge\cdots\blacklozenge\cdots\blacklozenge\cdots\blacktriangleleft$$

1 ［速さの単位］　次の速さの単位を m/s に変換せよ。

数トレ (1) 72 km/h　　　　　(2) 18 km/h　　　　　(3) 50 cm/s　　　　　(4) 12 cm/s

2 ［平均の速さ］　ミニカーが長さ 50 cm のコースを 2.0 s かけて走った。

(1) この間のミニカーの平均の速さは何 cm/s か。

(2) この間のミニカーの平均の速さは何 m/s か。

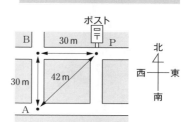

3 ［変位と平均の速度］　点 A にいる人が，点 B を通って，
発展 点 P にあるポストまで行くのに 80 s かかった。

(1) この間の道のりを求めよ。

(2) この間の変位を求めよ。

(3) この間の平均の速度を求めよ。

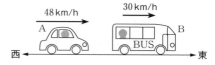

AP 間の距離は 42 m とする
$(30\sqrt{2} \fallingdotseq 30 \times 1.4 = 42)$

4 ［相対速度］　東向きに 48 km/h で走る車 A と東向
きに 30 km/h で走るバス B がある。

(1) 車 A から見たバス B の相対速度は，どの向きに
何 km/h か。

(2) バス B から見た車 A の相対速度は，どの向きに何 km/h か。

(3) バス B から見た車 A の相対速度は，どの向きに何 m/s か。

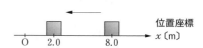

5 ［負の変位，負の平均の速度］　図の右向きを x 軸の正の向きとする。時刻 1.0 s のときに
$x = 8.0$ m の位置を通過した物体が，時刻 5.0 s のときに $x = 2.0$ m の位置を通過した。

(1) この間に経過した時間を求めよ。

(2) この間の物体の変位を求めよ。

(3) この間の物体の平均の速度を求めよ。

(4) この間の物体の速度が一定であったとして，
x-t グラフをかけ。

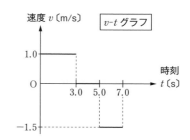

6 ［x-t グラフ，v-t グラフ］　x 軸上を運動する物体の
v-t グラフがある。この物体は $t = 0$ s のとき原点 O
$(x = 0$ m$)$ を通過した。

(1) $t = 0$ s から $t = 3.0$ s の間の変位を求めよ。

(2) $t = 3.0$ s から $t = 5.0$ s の間の変位を求めよ。

(3) $t = 5.0$ s から $t = 7.0$ s の間の変位を求めよ。

(4) $t = 0$ s から $t = 7.0$ s の間の x-t グラフをかけ。

(5) $t = 0$ s から $t = 7.0$ s の間の道のりを求めよ。

▶ **2** 加速度 *acceleration*

● **確認事項** 以下の空欄に適当な語句を入れよ。────────────

① 等速直線運動

● 等速直線運動（等速度運動）

……一直線上を同じ向きに一定の速さで進む運動。つまり，

（　①　）も（　②　）も変化をしない運動。

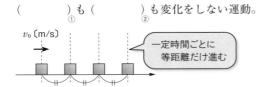

一定時間ごとに
等距離だけ進む

＜等速直線運動の式＞

速度 　$v = v_0$ … (1)

　　　　（＝一定）

変位 　$x = v_0 t$ … (2)

　　　　＝（速度）×（時間）

● **式の導出** ●

時刻 0 s のときに原点 O （$x = 0$）を通過した物体が，
一定の速度 v_0〔m/s〕で等速直線運動をしている。
時刻 t〔s〕のときの位置座標を x〔m〕として，(2)式
を導出する。

$$（速度）= \frac{（変位）}{（時間）}$$

$$v_0 = \frac{\Delta x}{\Delta t}$$

$$= \frac{x-0}{t-0} = \frac{x}{t}$$

よって　$x = v_0 t$ … (2)

原点 O （$x = 0$）が始点のとき，
変位 Δx は単に x，時間 Δt は
単に t とかくことが多い。

「変位 x」　「時間 t」

② 等速直線運動のグラフ

$\boxed{x\text{-}t \text{ グラフ}}$ … $\begin{cases} 縦軸が位置座標 x〔m〕 \\ 横軸が時刻 t〔s〕 \end{cases}$

$\boxed{v\text{-}t \text{ グラフ}}$ … $\begin{cases} 縦軸が速度 v〔m/s〕 \\ 横軸が時刻 t〔s〕 \end{cases}$

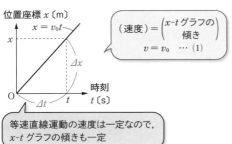

（速度）$= \begin{pmatrix} x\text{-}t \text{ グラフの} \\ 傾き \end{pmatrix}$
$v = v_0$ … (1)

等速直線運動の速度は一定なので，
$x\text{-}t$ グラフの傾きも一定

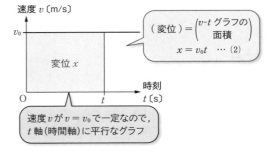

（変位）$= \begin{pmatrix} v\text{-}t \text{ グラフの} \\ 面積 \end{pmatrix}$
$x = v_0 t$ … (2)

速度 v が $v = v_0$ で一定なので，
t 軸（時間軸）に平行なグラフ

────────────────────────────────────

解答　① 向き　② 速さ　（①と②は順不同）

3 平均の加速度

● 平均の加速度 $\bar{a}$ 〔m/s²〕(エイ・バー メートル毎秒毎秒)

……単位時間あたり（1 秒あたり）の速度の変化量

$$\bar{a} = \frac{\varDelta v}{\varDelta t} = \frac{v_2 - v_1}{t_2 - t_1} = \frac{（速度の変化量）}{（時間）}$$

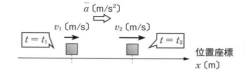

4 平均の加速度と瞬間の加速度

● 平均の加速度 $\bar{a}$ 〔m/s²〕

……時間 $\varDelta t$ $(= t_2 - t_1)$ における加速度の平均

→ある時間における v-t グラフの 2 点間の傾き

$$\bar{a} = \frac{\varDelta v}{\varDelta t} = \frac{v_2 - v_1}{t_2 - t_1}$$

（平均の加速度）=（v-t グラフの 2 点間の傾き）

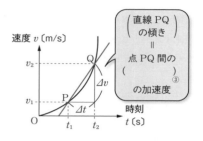

（直線 PQ の傾き）＝ 点 PQ 間の（ ③ ）の加速度

● （瞬間の）加速度 a 〔m/s²〕……平均の加速度において，時間 $\varDelta t$ を限りなく小さくしたときの加速度

→ある時刻における加速度

→ある時刻における v-t グラフの接線の傾き

（加速度）=（v-t グラフの接線の傾き）

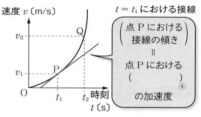

（点 P における接線の傾き）＝ 点 P における（ ④ ）の加速度

5 加速度の正負

● 正の加速度……正の向きに動いて速さが増加するとき(A)
$(a > 0)$

● 負の加速度……
① 正の向きに動いて速さが減少するとき(B)
② 物体の運動が正の向きから負の向きに変わる瞬間
③ 負の向きに動いて速さが増加するとき(C)
$(a < 0)$

● 加速度が 0……速度が変化せず一定の運動をするとき
$(a = 0)$ →等速直線運動(D)もしくは静止

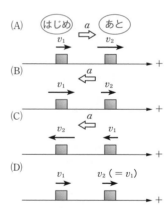

6 v-t グラフと a-t グラフ

$\boxed{v\text{-}t \text{ グラフ}}$ … $\begin{cases} 縦軸が速度 v 〔m/s〕 \\ 横軸が時刻 t 〔s〕 \end{cases}$

$\boxed{a\text{-}t \text{ グラフ}}$ … $\begin{cases} 縦軸が加速度 a 〔m/s²〕 \\ 横軸が時刻 t 〔s〕 \end{cases}$

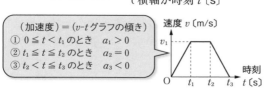

（加速度）=（v-t グラフの傾き）
① $0 \leqq t < t_1$ のとき $a_1 > 0$
② $t_1 \leqq t \leqq t_2$ のとき $a_2 = 0$
③ $t_2 < t \leqq t_3$ のとき $a_3 < 0$

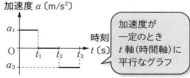

加速度が一定のとき t 軸（時間軸）に平行なグラフ

解答 ③ 平均 ④ 瞬間

例題 4 等速直線運動の式とグラフ

一直線上を一定の速度で運動する物体 A と B がある。物体 A は右向き 2.0 m/s，物体 B は左向
き 4.0 m/s で運動し，時刻 0 s のときに原点 O $(x=0)$ においてすれ違った。右向きを正とする。
(1) 8.0 秒後の物体 A の変位を求めよ。
(2) 8.0 秒後の物体 B の変位を求めよ。
(3) 物体 A が右向きに 24 m 移動するのにかかる時間を求めよ。
(4) 時刻 0 s から 8.0 s までの v-t グラフをかけ。（物体 A は実線——，物体 B は破線- - - -）
(5) 時刻 0 s から 8.0 s までの x-t グラフをかけ。（物体 A は実線——，物体 B は破線- - - -）

解答

(1) $+16$ m（右向き 16 m） (2) -32 m（左向き 32 m）
(3) 12 s (4)(5) 解説参照

リード文check

❶— 等速直線運動
❷— 変位は向きと大きさの両方

■ 等速直線運動の式の基本プロセス ▶ Process

プロセス 0

プロセス 1 物理量を記号で表し，図中にかく
プロセス 2 等速直線運動の式を適用する
プロセス 3 数値を代入する

解説

(1) **プロセス 1** 物理量を記号で表し，図中にかく
求める変位を x_1〔m〕とする。
プロセス 2 等速直線運動の式を適用する
等速直線運動の式「$x = v_0 t$」より
$$x_1 = v_A t$$
プロセス 3 数値を代入する
$$x_1 = 2.0 \times 8.0$$
$$= 16 〔m〕$$

値が正のとき，
変位は右向きである。

答 $+16$ m（右向き 16 m）

(2) **1** 求める変位を x_2〔m〕とする。
2 等速直線運動の式「$x = v_0 t$」より
$$x_2 = v_B t$$

負の向き（左向き）
の速度であること
に注意！

3 $$= (-4.0) \times 8.0$$
$$= -32 〔m〕$$

答 -32 m（左向き 32 m）

(3) **1** 求める時間を t_3〔s〕とする。
2 等速直線運動の式「$x = v_0 t$」より
$$x_3 = v_A t_3$$
3 $$t_3 = \frac{x_3}{v_A} = \frac{24}{2.0} = 12 〔s〕$$

答 12 s

(4) **答**

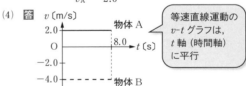

等速直線運動の
v-t グラフは，
t 軸（時間軸）
に平行

(5) **答**

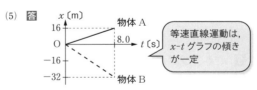

等速直線運動は，
x-t グラフの傾き
が一定

類題 4 等速直線運動の式とグラフ

一直線上を一定の速度で運動する物体 A と B がある。物体 A は右向き 3.0 m/s，物体 B は左向
き 1.5 m/s で運動し，時刻 0 s のときに原点 O $(x=0)$ においてすれ違った。右向きを正とする。
(1) 4.0 秒後の物体 A，B の変位をそれぞれ求めよ。
(2) 物体 A が右向きに 7.5 m 移動するのにかかる時間を求めよ。
(3) 時刻 0 s から 4.0 s までの v-t グラフをかけ。（物体 A は実線——，物体 B は破線- - - -）
(4) 時刻 0 s から 4.0 s までの x-t グラフをかけ。（物体 A は実線——，物体 B は破線- - - -）

例題 **5** 平均の加速度

図の右向きを正の向きとする。時刻 1.0 s のときに右向き 3.0 m/s の速度だった物体が，時刻 5.0 s のときには右向き 5.0 m/s の速度になっていた。

(1) この間に経過した時間を求めよ。

(2) この間の物体の速度の変化量を求めよ。

(3) この間の物体の平均の加速度を求めよ。

(4) この間の物体の加速度❶が一定であったとして，v–t グラフをかけ。

(5) この間の物体の加速度が一定❷であったとして，a–t グラフをかけ。

解答

(1) 4.0 s　(2) 右向き 2.0 m/s

(3) 右向き 0.50 m/s²　(4)(5) 解説参照

リード文check

❶—加速度は向きと大きさの両方をもつ

❷—加速度の向きと大きさの両方とも変化しない

■ 平均の加速度の基本プロセス **Process**

プロセス 0　$\bar{a}$ 〔m/s²〕

$v_1 = 3.0$ m/s　⇒　$v_2 = 5.0$ m/s

$t_1 = 1.0$ s　　$t_2 = 5.0$ s

プロセス 1　文字式で表す

プロセス 2　平均の加速度の定義式を用いる

プロセス 3　数値を代入する

解説

(1) 求める時間を Δt 〔s〕とする。

$\Delta t = t_2 - t_1 = 5.0 - 1.0$

$= 4.0$ 〔s〕　**答 4.0 s**

(2) 求める速度の変化量を Δv 〔m/s〕とする。

$\Delta v = v_2 - v_1 = 5.0 - 3.0$

$= 2.0$ 〔m/s〕　**答 右向き 2.0 m/s**

(3) **プロセス 1** 文字式で表す

求める平均の加速度を $\bar{a}$ 〔m/s²〕とする。

プロセス 2 平均の加速度の定義式を用いる

$\bar{a} = \dfrac{\Delta v}{\Delta t} = \left(\dfrac{v_2 - v_1}{t_2 - t_1} \right)$

プロセス 3 数値を代入する

$\bar{a} = \dfrac{2.0}{4.0} = 0.50$ 〔m/s²〕

答 右向き 0.50 m/s²

(4) **答** v 〔m/s〕 v–t グラフ

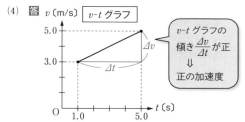

v–t グラフの傾き $\dfrac{\Delta v}{\Delta t}$ が正　⇓　正の加速度

(5) **答** a 〔m/s²〕 a–t グラフ

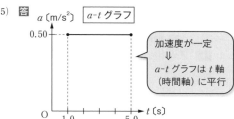

加速度が一定　⇓　a–t グラフは t 軸（時間軸）に平行

類題 **5** 負の加速度

図の右向きを正の向きとする。時刻 2.0 s のときに右向き 9.0 m/s の速度だった物体が，時刻 5.0 s のときには右向き 3.0 m/s の速度になっていた。

(1) この間に経過した時間を求めよ。

(2) この間の物体の速度の変化量を求めよ。

(3) この間の物体の平均の加速度を求めよ。

(4) この間の物体の加速度が一定であったとして，v–t グラフをかけ。

(5) この間の物体の加速度が一定であったとして，a–t グラフをかけ。

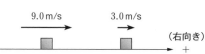

一直線上を運動する物体の v-t グラフがある。

(1) $t = 0\,\text{s}$ から $t = 4.0\,\text{s}$ の間の<u>加速度</u>を求めよ。
  ①
(2) $t = 4.0\,\text{s}$ から $t = 10.0\,\text{s}$ の間の加速度を求めよ。
(3) $t = 10.0\,\text{s}$ から $t = 12.0\,\text{s}$ の間の加速度を求めよ。
(4) $t = 0\,\text{s}$ から $t = 12.0\,\text{s}$ の間の a-t グラフをかけ。
(5) $t = 0\,\text{s}$ から $t = 12.0\,\text{s}$ の間の<u>変位</u>を求めよ。
  ②

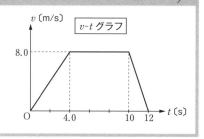

(解答)

(1) $+2.0\,\text{m/s}^2$　(2) $0\,\text{m/s}^2$　(3) $-4.0\,\text{m/s}^2$
(4) 解説参照　(5) $+72\,\text{m}$

リード文check

①— v-t グラフの傾きが加速度を表す
②— v-t グラフの面積が変位を表す

■ **v-t グラフの基本プロセス**)Process

プロセス **0**

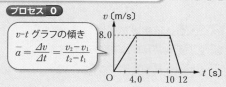

v-t グラフの傾き
$$\overline{a} = \frac{\Delta v}{\Delta t} = \frac{v_2 - v_1}{t_2 - t_1}$$

プロセス **1** v-t グラフの傾きが加速度を表す
プロセス **2** グラフから数値を読みとる
プロセス **3** v-t グラフの面積が変位を表す

解 説

(1) プロセス **1** v-t グラフ の傾きが加速度を表す
  求める加速度を $a_1\,[\text{m/s}^2]$ とする。
  プロセス **2** グラフから数値を読みとる
  $$a_1 = \frac{8.0 - 0}{4.0 - 0} = \frac{8.0}{4.0} = 2.0\,[\text{m/s}^2]$$
  答 $+2.0\,\text{m/s}^2$

(2) **1** 求める加速度を $a_2\,[\text{m/s}^2]$ とする。
  2 $a_2 = \frac{8.0 - 8.0}{10.0 - 4.0} = 0\,[\text{m/s}^2]$
  答 $0\,\text{m/s}^2$

(3) **1** 求める加速度を $a_3\,[\text{m/s}^2]$ とする。
  2 $a_3 = \frac{0 - 8.0}{12.0 - 10.0}$
  $$= \frac{-8.0}{2.0} = -4.0\,[\text{m/s}^2]$$
  答 $-4.0\,\text{m/s}^2$

(4) 答

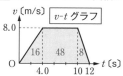

(5) プロセス **3** v-t グラフの面積が変位を表す

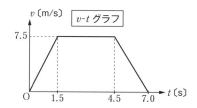

v-t グラフの面積が変位を表すので，求める変位を $x\,[\text{m}]$ とすると，
  $x = 16 + 48 + 8 = 72\,[\text{m}]$　答 $+72\,\text{m}$

類題 6 v-t グラフ

一直線上を運動する物体の v-t グラフがある。
(1) $t = 0\,\text{s}$ から $t = 1.5\,\text{s}$ の間の加速度を求めよ。
(2) $t = 1.5\,\text{s}$ から $t = 4.5\,\text{s}$ の間の加速度を求めよ。
(3) $t = 4.5\,\text{s}$ から $t = 7.0\,\text{s}$ の間の加速度を求めよ。
(4) $t = 0\,\text{s}$ から $t = 7.0\,\text{s}$ の間の a-t グラフをかけ。
(5) $t = 0\,\text{s}$ から $t = 7.0\,\text{s}$ の間の変位を求めよ。

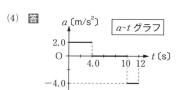

◦•◦•◦•◦•◦•◦•◦•◦ 練習問題 ◦•◦•◦•◦•◦•◦•◦•◦

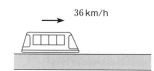

7 ［等速直線運動］　一定の速さ 36 km/h で進むモノレールがある。

(1) このモノレールの速さは何 m/s か。

(2) このモノレールが 1.2 km 進むのにかかる時間は何 s か。

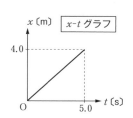

8 ［等速直線運動のグラフ］　一直線上を等速直線運動している物体の
位置座標 x〔m〕を縦軸に，時刻 t〔s〕を横軸にとった x-t グラフが
ある。

(1) この物体の速度を求めよ。

(2) この物体の速度 v〔m/s〕を縦軸に，時刻 t〔s〕を横軸にとった
v-t グラフをかけ。

9 ［平均の加速度］　一直線上を運動する物体がある。次の場合の平均の加速度を求めよ。

(1) 時刻 0.10 s のときに正の向きに 0.56 m/s の速度だった物体が，時刻 0.40 s のときに正の向
きに 0.92 m/s の速度になった。

(2) 正の向きに 6.4 m/s の速度だった物体が，2.0 秒後には正の向きに 3.2 m/s の速度になった。

(3) 時刻 1.8 s のときに正の向きに 1.2 m/s の速度だった物体が，時刻 4.0 s のときに負の向き
に 2.1 m/s の速度になった。

10 ［記録タイマー］　一直線上の斜面をすべり降りる
物体の変位について記録タイマーを用いて測定し
た。0.10 s ごとの記録テープの長さについて，以
下に表としてまとめてある。

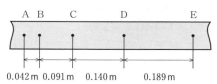

(1) 右の表の空欄
をうめよ。

(2) この物体の加
速度の大きさ
はいくらか。

区間	記録テープ の長さ〔m〕	0.10 秒間の平均 の速さ〔m/s〕	0.10 秒間の速さ の変化量〔m/s〕	平均の加速度の 大きさ〔m/s²〕
AB	0.042			
BC	0.091			
CD	0.140			
DE	0.189			

11 ［v-t グラフ，a-t グラフ］

一直線上を運動する物体の v-t グラフがある。

(1) $t = 0$ s から $t = 4.0$ s の間の加速度を求めよ。

(2) $t = 6.0$ s のときの速度を求めよ。

(3) $t = 6.0$ s から $t = 8.0$ s の間の加速度を求めよ。

(4) $t = 8.0$ s から $t = 10.0$ s の間の加速度を求めよ。

(5) $t = 0$ s から $t = 10.0$ s の間の a-t グラフをかけ。

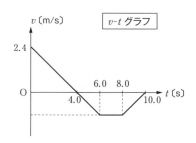

1章 物体の運動

▶ **3** 等加速度直線運動 *linear motion of uniform acceleration*

● **確認事項** ● 以下の空欄に適当な語句を入れよ。

1 等加速度直線運動

● 等加速度直線運動（等加速度運動）……一直線上を一定の加速度で進む運動。

→つまり，加速度の（　　　　）も（　　　　）も変化しない運動。
　　　　　　　　　　　①　　　　　　　②

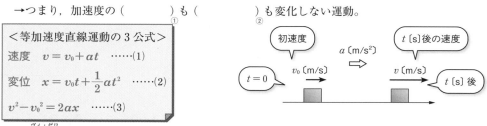

<等加速度直線運動の3公式>

速度　$v = v_0 + at$　……(1)

変位　$x = v_0 t + \dfrac{1}{2} at^2$　……(2)

$v^2 - v_0^2 = 2ax$　……(3)

● 初速度 v_0〔m/s〕……時刻 0 s のときの速度。初期状態（初めの状態）における速度。

● 速度 v〔m/s〕……t〔s〕後の速度。

● 加速度 a〔m/s²〕……等加速度直線運動なので一定の加速度。

● 時間 t〔s〕……初期状態からの経過時間。ここでは $\varDelta$ を用いずに単に t とかく。

● 変位 x〔m〕……始点（初期位置）からの変位。ここでは $\varDelta$ を用いずに単に x とかく。

2 等加速度直線運動の速度

● 速度の式(1)の導出 ●

時刻 0 s のとき，原点（$x = 0$）を初速度 v_0〔m/s〕で通過した物体がある。t〔s〕後の物体の速度を v〔m/s〕，加速度を a〔m/s²〕とする。

$$(加速度) = \frac{(速度の変化量)}{(時間)}$$

$$a = \frac{\varDelta v}{\varDelta t}$$

$$= \frac{v - v_0}{t - 0} = \frac{v - v_0}{t}$$

よって　$v = v_0 + at$　……(1)

● v-t グラフ

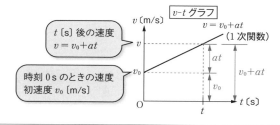

▶ ベストフィット

<等加速度直線運動の v-t グラフ>
（v-t グラフの切片）＝（初速度 v_0）
（v-t グラフの傾き）＝（加速度 a）
（v-t グラフの面積）＝（変位 x）

解答　① 向き　② 大きさ　（← ①と②は順不同）

3 等加速度直線運動の変位

●変位の式(2)の導出●

等加速度直線運動の v-t グラフの面積は変位を表す。

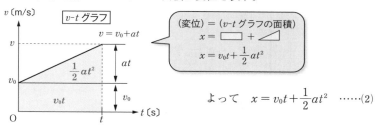

$$(変位) = (v\text{-}t \text{ グラフの面積})$$
$$x = \boxed{} + \triangle$$
$$x = v_0 t + \frac{1}{2}at^2$$

よって $x = v_0 t + \frac{1}{2}at^2$ ……(2)

●x-t グラフ

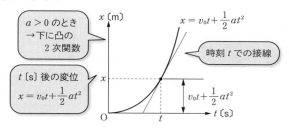

$a > 0$ のとき
→下に凸の
2次関数

t〔s〕後の変位
$x = v_0 t + \frac{1}{2}at^2$

時刻 t での接線

> **ベストフィット**
>
> ＜等加速度直線運動の x-t グラフ＞
> （グラフの接線の傾き）＝（瞬間の速度 v）

4 速度と変位の関係式

●等加速度直線運動の式(3)の導出●

(1)式より $v = v_0 + at$ よって $t = \dfrac{v - v_0}{a}$

(2)式に代入して $x = v_0 \times \dfrac{v - v_0}{a} + \dfrac{1}{2}a\left(\dfrac{v - v_0}{a}\right)^2 = \dfrac{v^2 - v_0{}^2}{2a}$ よって $v^2 - v_0{}^2 = 2ax$ ……(3)

5 等加速度直線運動のグラフ

	① $a > 0$ の場合	② $a < 0$ の場合	③ $a = 0$ の場合

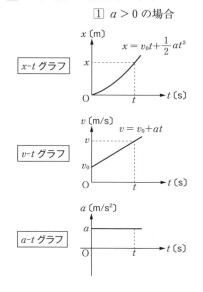

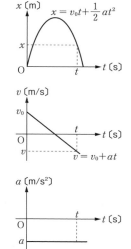

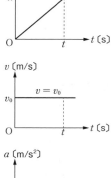

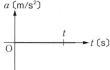

例題 7　等加速度直線運動

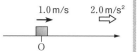

一直線上を右向きに 2.0 m/s² の加速度で等加速度直線運動している物体がある。この物体は原点を右向きに 1.0 m/s の初速度①で通過した。②

(1) 2.0 s 後の物体の速度を求めよ。

(2) 2.0 s 後の物体の変位を求めよ。

(3) 原点を通過してから 2.0 s 後までの v–t グラフを右向きを正としてかけ。

(4) 原点を通過してから 2.0 s 後までの a–t グラフを右向きを正としてかけ。

(解答)

(1) 右向き 5.0 m/s　(2) 右向き 6.0 m

(3)(4) 解説参照

リード文check

❶—加速度の大きさも向きも変化しない運動

❷—時刻 0 s のとき（初期状態のとき）の物体の速度

■ 等加速度直線運動の基本プロセス　Process

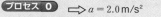

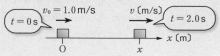

プロセス 0 $a = 2.0$ m/s²

プロセス 1 物理量を記号で表し，図中にかく

プロセス 2 等加速度直線運動の式を適用する

プロセス 3 数値を代入する

解説

(1) **プロセス 1** 物理量を記号で表し，図中にかく

右向きを正とし物理量を定める。

プロセス 2 等加速度直線運動の式を適用する

等加速度直線運動の式より

$v = v_0 + at$

プロセス 3 数値を代入する

$v = 1.0 + 2.0 \times 2.0$

（正の向きを右向きとした）

$= 1.0 + 4.0$

$= 5.0$ 〔m/s〕　**答 右向き 5.0 m/s**

(2) ❷ 等加速度直線運動の式より

$x = v_0 t + \dfrac{1}{2}at^2$

❸　$= 1.0 \times 2.0 + \dfrac{1}{2} \times 2.0 \times (2.0)^2$

（正の向きを右向きとした）

$= 2.0 + 4.0$

$= 6.0$ 〔m〕　**答 右向き 6.0 m**

(3) **答**

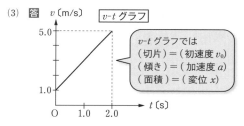

v–t グラフでは

（切片）＝（初速度 v_0）

（傾き）＝（加速度 a）

（面積）＝（変位 x）

(4) **答**

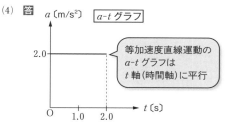

等加速度直線運動の a–t グラフは t 軸（時間軸）に平行

類題 7　等加速度直線運動（負の加速度）

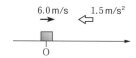

一直線上を左向きに 1.5 m/s² の加速度で等加速度直線運動している物体がある。この物体は原点を右向きに 6.0 m/s の初速度で通過した。

(1) 2.0 s 後の物体の速度を求めよ。

(2) 2.0 s 後の物体の変位を求めよ。

(3) 原点を通過してから 2.0 s 後までの v–t グラフを右向きを正としてかけ。

(4) 原点を通過してから 2.0 s 後までの a–t グラフを右向きを正としてかけ。

例題 8 等加速度直線運動のグラフ

一直線上を運動する物体の v-t グラフがある。ただし，初速度の向きを正とする。❶

(1) 物体の初速度を求めよ。

(2) 物体の加速度を求めよ。

(3) 2.0 s 後の物体の変位を求めよ。

(4) 4.0 s 後の物体の速度を求めよ。

(5) 4.0 s 後の物体の変位を求めよ。

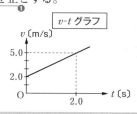

v-t グラフ

解答

(1) $+2.0\,\text{m/s}$　(2) $+1.5\,\text{m/s}^2$　(3) $+7.0\,\text{m}$

(4) $+8.0\,\text{m/s}$　(5) $+20\,\text{m}$

リード文check

❶― 速度，加速度，変位の向きが初速度の向きと同じとき を正，逆向きのときを負とする

■ 等加速度直線運動のグラフの基本プロセス) Process

プロセス 0

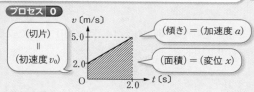

(切片)
＝
(初速度 v_0)

(傾き)＝(加速度 a)

(面積)＝(変位 x)

プロセス 1 v-t グラフの切片は初速度 v_0

プロセス 2 v-t グラフの傾きは加速度 a

プロセス 3 v-t グラフの面積は変位 x

解説

(1) **プロセス 1** v-t グラフの切片は初速度 v_0

v-t グラフの切片は初速度 v_0〔m/s〕を表すの で　$v_0 = 2.0\,\text{m/s}$　**答** $+2.0\,\text{m/s}$

(2) **プロセス 2** v-t グラフの傾きは加速度 a

v-t グラフの傾きは加速度 a〔m/s²〕を表すの で　$a = \dfrac{\Delta v}{\Delta t} = \dfrac{5.0-2.0}{2.0-0}$

$= \dfrac{3.0}{2.0} = 1.5$〔m/s²〕　**答** $+1.5\,\text{m/s}^2$

(3) **プロセス 3** v-t グラフの面積は変位 x

v-t グラフの面積は変位 x〔m〕を表すので

$x = v_0 t + \dfrac{1}{2}at^2$

$= 2.0\times2.0 + \dfrac{1}{2}\times1.5\times(2.0)^2$

$= 4.0 + 3.0 = 7.0$〔m〕　**答** $+7.0\,\text{m}$

(4) 等加速度直線運動の式より

$v = v_0 + at$

$= 2.0 + 1.5\times4.0$

$= 2.0 + 6.0$

$= 8.0$〔m/s〕　**答** $+8.0\,\text{m/s}$

(5) 等加速度直線運動の式より

$x = v_0 t + \dfrac{1}{2}at^2$

$= 2.0\times4.0 + \dfrac{1}{2}\times1.5\times(4.0)^2$

$= 8.0 + 12$

$= 20$〔m〕　**答** $+20\,\text{m}$

別解 $v^2 - v_0^2 = 2ax$ より

$x = \dfrac{v^2 - v_0^2}{2a} = \dfrac{(8.0)^2 - (2.0)^2}{2\times1.5} = \dfrac{60}{3.0} = 20$〔m〕

類題 8 等加速度直線運動のグラフ

一直線上を運動する物体の v-t グラフがある。ただし，初速度の向きを正とする。

(1) 物体の初速度を求めよ。

(2) 物体の加速度を求めよ。

(3) 3.0 s 後の物体の変位を求めよ。

(4) 1.2 s 後の物体の速度を求めよ。

(5) 1.2 s 後の物体の変位を求めよ。

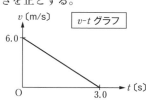

v-t グラフ

12 ［指数］　次の数値を 10^n の形で表せ。

（数トレ）(1) 100　　(2) 1000　　(3) 100000　　(4) 0.1　　(5) 0.0001　　(6) $\dfrac{1}{100}$　　(7) $\dfrac{1}{10000}$

13 ［指数］　次の数値を，例のように $A \times 10^n$ の形で表せ。ただし，A は 1 以上 10 未満

（数トレ）$(1 \leqq A < 10)$ とする。

（例）3600　⇒　3.6×10^3

(1) 5200　　　　　　(2) 6400000　　　　　(3) 0.25　　　　　　(4) 0.0000016

14 ［有効数字］　次の数値が有効数字何桁であるか答えよ。

（数トレ）(1) 1.5　　(2) 1.50　　(3) 15　　(4) 0.5　　(5) 0.50　　(6) 0.05　　(7) 0.050

15 ［有効数字］　次の数値を有効数字 1 桁，2 桁，3 桁でそれぞれ $A \times 10^n$ $(1 \leqq A < 10)$ の形で表せ。

（数トレ）(1) 3000　　(2) 299792458　　(3) 0.23914　　(4) 0.0010853

16 ［有効数字］　有効数字を考慮して，次の計算をせよ。

（数トレ）(1) 1.5×2.4　　　　(2) 2.3×1.4　　　　(3) 1.5×1.5　　　　(4) 0.25×3.2

(5) $4.8 \div 1.2$　　　　(6) $5.2 \div 0.25$　　　　(7) 20×3.21　　　　(8) $1.25 \div 30$

(9) $4.2 + 1.25$　　　(10) $0.50 + 1.2$　　　(11) $2.25 - 1.1$　　　(12) $0.25 - 2.10$

17 ［等加速度直線運動の式］　3.0 m/s の初速度で原点 O を通過した物体が，

一定の加速度 1.5 m/s² で初速度の向きに加速している。

(1) 2.0 s 後の物体の速さを求めよ。

(2) 2.0 s 後までに物体が進んだ距離を求めよ。

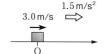

18 ［等加速度直線運動の式］　12 m/s の初速度で原点 O を通過した物体が，

一定の加速度の大きさ 1.2 m/s² で減速している。

(1) 4.0 s 後の物体の速さを求めよ。

(2) 4.0 s 後までに物体が進んだ距離を求めよ。

(3) この物体が静止するまでにかかった時間を求めよ。

(4) この物体が静止するまでに進んだ距離を求めよ。

19 ［等加速度直線運動の式］　4.0 m/s の初速度で原点 O を通過した物体が，一定の加速度

0.30 m/s² で初速度の向きに加速し，点 P を 5.0 m/s の速さで通過した。OP 間の距離を求めよ。

20 ［等加速度直線運動の式］

(1) 静止していた物体が，1.5 m/s² の加速度の大きさで直線運動を開始した。物体の速さが 18 m/s になるまでにかかる時間を求めよ。

(2) 一直線上を右向きに 0.80 m/s² の加速度で等加速度直線運動している物体がある。原点を通過した 2.5 s 後の速度が右向き 4.2 m/s であった。この物体が原点を通過したときの初速度を求めよ。

(3) 一直線上を等加速度直線運動している物体がある。原点を右向きに 1.2 m/s で通過した物体が，2.0 s 後に右向き 6.0 m の地点を通過した。この物体の加速度を求めよ。

(4) 一直線上を等加速度直線運動している物体がある。原点を右向きに 2.5 m/s で通過した物体が，3.0 s 後に右向き 4.5 m の地点を通過した。この物体の加速度を求めよ。

21 ［等加速度直線運動の式］ 一直線上を左向き 2.0 m/s² の加速度で運動している物体が，時刻 0 s のときに原点 O を右向き 6.0 m/s の初速度で通過した。

(1) この物体が原点から最も右向きへ遠ざかるときの時刻を求めよ。

(2) この物体が原点から最も右向きへ遠ざかるときの変位を求めよ。

(3) この物体が再び原点を通過するときの時刻を求めよ。

(4) この物体が再び原点を通過するときの速度を求めよ。

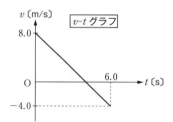

22 ［等加速度直線運動のグラフ］ x 軸上を等加速度直線運動している物体の v-t グラフがある。

(1) この物体の加速度を求めよ。

(2) この物体が原点から正の方向へ最も遠ざかるときの時刻を求めよ。

(3) (2)のときの物体の変位を求めよ。

(4) $t = 0 \sim 6.0$ s 間の物体の変位および道のりを求めよ。

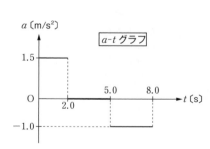

23 ［等加速度直線運動のグラフ］ x 軸上を運動している物体の a-t グラフがある。この物体は，時刻 0 s のときに原点で静止していた。

(1) 時刻 2.0 s のときの，物体の速度と変位を求めよ。

(2) 時刻 5.0 s のときの，物体の速度と変位を求めよ。

(3) 時刻 8.0 s のときの，物体の速度と変位を求めよ。

(4) 時刻 0 s から 8.0 s の間の v-t グラフをかけ。

(5) 時刻 0 s から 8.0 s の間の x-t グラフをかけ。

24 ［等加速度直線運動のグラフ］ 同じ直線上を等速直線運動している物体 A と等加速度直線運動している物体 B が，時刻 0 s に同時に原点を通過した。

(1) 物体 B の加速度の大きさを求めよ。

(2) 物体 B が物体 A に追いつくときの時刻を求めよ。

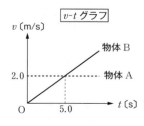

▶ 4 落体の運動 *motion of a falling body*

● **確認事項** ● 以下の空欄に適当な語句を入れよ。

1 重力加速度

● **重力加速度 g 〔m/s²〕**……地球上（地表近く）で投げ出された物体すべてがもつ鉛直下向きの加速度。地球上では場所によってわずかに異なるが，大きさはほぼ 9.8 m/s²。

> 重力加速度の大きさ　$g \fallingdotseq 9.8 \text{ m/s}^2$

▶ **ベストフィット**　重力の作用線のことを鉛直線という。
鉛直上向き（下向き）…鉛直線に沿って上向き（下向き）

2 自由落下（自由落下運動）

● **自由落下**……初速度が 0 m/s の落体の運動

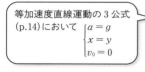
等加速度直線運動の 3 公式
(p.14) において $\begin{cases} a = g \\ x = y \\ v_0 = 0 \end{cases}$

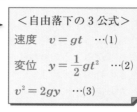
＜自由落下の 3 公式＞
速度　$v = gt$　…(1)
変位　$y = \dfrac{1}{2}gt^2$　…(2)
$v^2 = 2gy$　…(3)

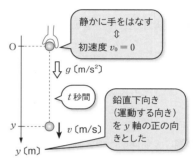
静かに手をはなす
⇕
初速度 $v_0 = 0$

g 〔m/s²〕

t 秒間

鉛直下向き（運動する向き）を y 軸の正の向きとした

v 〔m/s〕

y 〔m〕

● 自由落下のグラフ

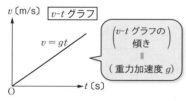
v 〔m/s〕　[v-t グラフ]
$v = gt$
$\left(\begin{array}{c} v\text{-}t \text{ グラフの} \\ \text{傾き} \\ ‖ \\ (\text{重力加速度 } g) \end{array}\right)$
O　t 〔s〕

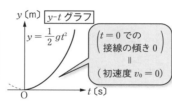
y 〔m〕　[y-t グラフ]
$y = \dfrac{1}{2}gt^2$
$\left(\begin{array}{c} t = 0 \text{ での} \\ \text{接線の傾き 0} \\ ‖ \\ (\text{初速度 } v_0 = 0) \end{array}\right)$
O　t 〔s〕

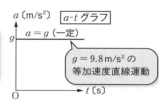
a 〔m/s²〕　[a-t グラフ]
$a = g$（一定）
g
$\left(\begin{array}{c} g = 9.8 \text{ m/s}^2 \text{ の} \\ \text{等加速度直線運動} \end{array}\right)$
O　t 〔s〕

3 鉛直投げ下ろし

● **鉛直投げ下ろし**……鉛直下向きに初速度を与えた落体の運動

等加速度直線運動の 3 公式
(p.14) において $\begin{cases} a = g \\ x = y \end{cases}$

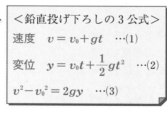
＜鉛直投げ下ろしの 3 公式＞
速度　$v = v_0 + gt$　…(1)
変位　$y = v_0 t + \dfrac{1}{2}gt^2$　…(2)
$v^2 - v_0^2 = 2gy$　…(3)

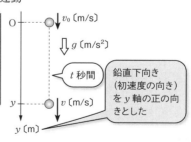
O
v_0 〔m/s〕
g 〔m/s²〕
t 秒間
鉛直下向き（初速度の向き）を y 軸の正の向きとした
v 〔m/s〕
y 〔m〕

● 鉛直投げ下ろしのグラフ

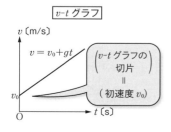
[v-t グラフ]
v 〔m/s〕
$v = v_0 + gt$
$\left(\begin{array}{c} v\text{-}t \text{ グラフの} \\ \text{切片} \\ ‖ \\ (\text{初速度 } v_0) \end{array}\right)$
v_0
O　t 〔s〕

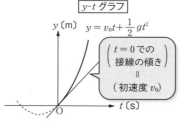
[y-t グラフ]
y 〔m〕
$y = v_0 t + \dfrac{1}{2}gt^2$
$\left(\begin{array}{c} t = 0 \text{ での} \\ \text{接線の傾き} \\ ‖ \\ (\text{初速度 } v_0) \end{array}\right)$
O　t 〔s〕

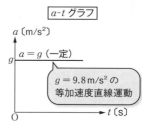
[a-t グラフ]
a 〔m/s²〕
$a = g$（一定）
g
$\left(\begin{array}{c} g = 9.8 \text{ m/s}^2 \text{ の} \\ \text{等加速度直線運動} \end{array}\right)$
O　t 〔s〕

4 鉛直投げ上げ

● 鉛直投げ上げ……鉛直上向きに初速度を与えた落体の運動

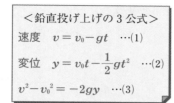

＜鉛直投げ上げの3公式＞

速度 $v = v_0 - gt$ ……(1)

変位 $y = v_0 t - \dfrac{1}{2} g t^2$ ……(2)

$v^2 - v_0^2 = -2gy$ ……(3)

等加速度直線運動の3公式
(p.14)において $\begin{cases} a = -g \\ x = y \end{cases}$

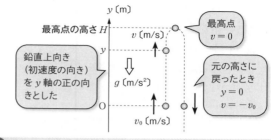

最高点の高さ H

鉛直上向き
(初速度の向き)
を y 軸の正の向
きとした

最高点
$v = 0$

元の高さに
戻ったとき
$y = 0$
$v = -v_0$

v_0 [m/s]

▶ ベストフィット

＜運動の対称性＞
(最高点に達するまでの時間) ＝ (最高点から元の高さに戻るまでの時間)
(元の高さに戻ったときの速度) ＝ (初速度と大きさは等しく向きは逆向き)

● 鉛直投げ上げのグラフ

運動の対称性より

・$t_2 = 2t_1$

(最高点までの時間と，最高点から元の高さに戻るまでの時間は (①))

・$|y_1| = |y_2|$

(最高点までの変位と，最高点から元の高さに戻るまでの変位の大きさは (②))

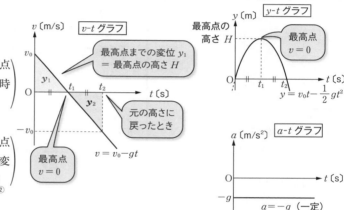

v-t グラフ

最高点までの変位 y_1 ＝ 最高点の高さ H

元の高さに戻ったとき

最高点
$v = 0$

$v = v_0 - gt$

y-t グラフ

最高点の高さ H

最高点
$v = 0$

$y = v_0 t - \dfrac{1}{2} g t^2$

a-t グラフ

$a = -g$ (一定)

5 水平投射・斜方投射 発展

● 水平投射

……水平方向に初速度を与えた落体の運動

鉛直方向……自由落下
水平方向……等速直線運動

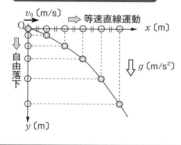

● 斜方投射

……斜めに初速度を与えた落体の運動

鉛直方向……鉛直投げ上げ (投げ下ろし)
水平方向……等速直線運動

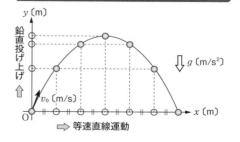

解答 ① 等しい ② 等しい

例題 9 自由落下

がけの上で<u>小球から静かに手をはなした</u>。手をはなしてから 3.0 s 後に小球は水面に達した。ただし，空気抵抗は無視できるものとし，重力加速度の大きさを 9.8 m/s² とする。

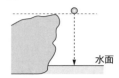

(1) 静かに手をはなしてから 1.0 s 後の小球の速度を求めよ。

(2) 静かに手をはなしてから 1.0 s 後の小球の変位を求めよ。

(3) 水面に達したときの小球の速さを求めよ。

(4) 水面からがけの上までの距離を求めよ。

水面

解答

(1) 鉛直下向き 9.8 m/s

(2) 鉛直下向き 4.9 m

(3) 29 m/s (4) 44 m

リード文check

❶― 大きさが無視できる球。ただし質量はあるとする

❷― 初速度を与えなかった。$v_0 = 0$

■ **自由落下の基本プロセス** Process

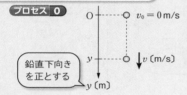

鉛直下向き を正とする

プロセス 0

プロセス 1 正の向きを定め，文字式で表す

プロセス 2 自由落下の式を適用する

プロセス 3 数値を代入する

解説

(1) **プロセス 1** **正の向きを定め，文字式で表す**

　　鉛直下向きを正とし，求める速度を v_1 〔m/s〕とする。

　　プロセス 2 **自由落下の式を適用する**

　　自由落下の式「$v = gt$」より

　　プロセス 3 **数値を代入する**

　　　$v_1 = 9.8 \times 1.0$

　　　　$= 9.8$ 〔m/s〕　**答** 鉛直下向き 9.8 m/s

(2) **1** 求める変位を y_1 〔m〕とする。

　　2 自由落下の式「$y = \dfrac{1}{2}gt^2$」より

　　3 　$y_1 = \dfrac{1}{2} \times 9.8 \times (1.0)^2$

　　　　　　$= 4.9$ 〔m〕　**答** 鉛直下向き 4.9 m

(3) **1** 水面に達したときの速度を v_2〔m/s〕と

　　2 する。自由落下の式「$v = gt$」より

　　3 　$v_2 = 9.8 \times 3.0$

　　　　　$= 29.4$

　　　　　$≒ 29$ 〔m/s〕

　　　　答 29 m/s

(4) **1** 水面に達したときの変位を y_2〔m〕とする。

　　2 自由落下の式「$y = \dfrac{1}{2}gt^2$」より

　　3 　$y_2 = \dfrac{1}{2} \times 9.8 \times (3.0)^2$

　　　　　$= 44.1$

　　　　　$≒ 44$ 〔m〕

　　　　答 44 m

類題 9 自由落下

　　ビルの屋上で小球から静かに手をはなした。手をはなしてから 2.0 s 後に小球は地表に達した。ただし，空気抵抗は無視できるものとし，重力加速度の大きさを 9.8 m/s² とする。

(1) 地表に達したときの小球の速さを求めよ。

(2) 地表からビルの屋上までの高さを求めよ。

屋上

地表

例題 10 鉛直投げ下ろし

高さ 39.2 m のビルの屋上から小球を鉛直下向きに 9.8 m/s で投げ下ろした。ただし，空気抵抗は無視できるものとし，重力加速度の大きさを 9.8 m/s² とする。

(1) 投げ下ろしてから 1.0 s 後の小球の速さを求めよ。

(2) 投げ下ろしてから 1.0 s 後の，小球の地表からの高さを求めよ。 ❶

(3) 小球が地表に達するまでの時間を求めよ。

(4) 小球が地表に達したときの速さを求めよ。

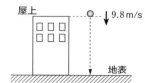

解答

(1) 19.6 m/s (2) 24.5 m

(3) 2.0 s (4) 29.4 m/s

リード文check

❶ $\left(\begin{array}{c}\text{小球の地表}\\\text{からの高さ}\end{array}\right) = (\text{ビルの高さ}) - \left(\begin{array}{c}\text{小球の屋上から}\\\text{の変位の大きさ}\end{array}\right)$

■ 鉛直投げ下ろしの基本プロセス Process

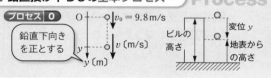

プロセス 0 鉛直下向きを正とする

プロセス 1 正の向きを定め，文字式で表す

プロセス 2 鉛直投げ下ろしの式を適用する

プロセス 3 数値を代入する

解説

(1) プロセス 1 正の向きを定め，文字式で表す

鉛直下向きを正とし，1.0 s 後の小球の速度を v_1 〔m/s〕とする。

プロセス 2 鉛直投げ下ろしの式を適用する

鉛直投げ下ろしの式「$v = v_0 + gt$」より

プロセス 3 数値を代入する

$v_1 = 9.8 + 9.8 \times 1.0 = 19.6$ 〔m/s〕

答 19.6 m/s

(2) 1 1.0 s 後の小球の変位を y_1 〔m〕とする。

2 鉛直投げ下ろしの式「$y = v_0 t + \dfrac{1}{2} g t^2$」より

3 $y_1 = 9.8 \times 1.0 + \dfrac{1}{2} \times 9.8 \times (1.0)^2$

$= 9.8 + 4.9$

$= 14.7$ 〔m〕

求める小球の高さを h 〔m〕とする。

(小球の高さ) = (ビルの高さ) - (変位の大きさ)

$h = 39.2 - 14.7$

$= 24.5$ 〔m〕 答 24.5 m

(3) 1 求める時間を t_2 〔s〕とする。

2 鉛直投げ下ろしの式「$y = v_0 t + \dfrac{1}{2} g t^2$」より

3 $39.2 = 9.8 \times t_2 + \dfrac{1}{2} \times 9.8 \times t_2{}^2$

$t_2{}^2 + 2.0 t_2 - 8.0 = 0$

$(t_2 + 4.0)(t_2 - 2.0) = 0$

$t_2 = 2.0, \ -4.0$

$t_2 > 0$ より $t_2 = 2.0$ 〔s〕 答 2.0 s

(4) 1 求める速度を v_2 〔m/s〕とする。

2 鉛直投げ下ろしの式「$v = v_0 + gt$」より

3 $v_2 = 9.8 + 9.8 \times 2.0 = 29.4$ 〔m/s〕

答 29.4 m/s

類題 10 鉛直投げ下ろし

高さ 58.8 m のビルの屋上から小球を鉛直下向きに 4.9 m/s で投げ下ろした。ただし，空気抵抗は無視できるものとし，重力加速度の大きさを 9.8 m/s² とする。

(1) 投げ下ろしてから 1.0 s 後の小球の速さを求めよ。

(2) 投げ下ろしてから 1.0 s 後の，小球の地表からの高さを求めよ。

(3) 小球が地表に達するまでの時間を求めよ。

(4) 小球が地表に達したときの速さを求めよ。

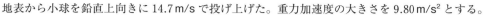

例題 11 鉛直投げ上げ

地表から小球を鉛直上向きに 14.7 m/s で投げ上げた。重力加速度の大きさを 9.80 m/s² とする。

(1) 小球が<u>最高点</u>に達するまでの時間を求めよ。
　　　　　❶
(2) 小球が達する最高点の地表からの高さを求めよ。

(3) 投げ上げてから小球が<u>地表に戻る</u>までの時間を求めよ。
　　　　　　　　　　　❷
(4) 小球が地表に戻ったときの速さを求めよ。

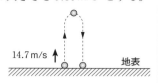

解答

(1) 1.50 s　(2) 11.0 m

(3) 3.00 s　(4) 14.7 m/s

リード文check

❶—最高点では小球の速度は 0 となる　⇒ $v = 0$

❷—地表に戻ったとき，変位は 0 となる　⇒ $y = 0$

■ 鉛直投げ上げの基本プロセス　Process

プロセス 0　鉛直上向きを正とする

プロセス 1　正の向きを定め，文字式で表す

プロセス 2　鉛直投げ上げの式を適用する

プロセス 3　数値を代入する

解説

(1) **プロセス 1**　正の向きを定め，文字式で表す

鉛直上向きを正とし，求める時間を t_1〔s〕とする。最高点では小球の速度は 0 になる。

プロセス 2　鉛直投げ上げの式を適用する

鉛直投げ上げの式「$v = v_0 - gt$」より

プロセス 3　数値を代入する

$0 = 14.7 - 9.80 \times t_1$

$t_1 = 1.50$〔s〕　**答 1.50 s**

(2) **1**　求める最高点の高さを y_1〔m〕とする。

2　鉛直投げ上げの式「$y = v_0 t - \dfrac{1}{2}gt^2$」より

3　$y_1 = 14.7 \times 1.50 - \dfrac{1}{2} \times 9.80 \times (1.50)^2$

$= 22.05 - 11.02$

$= 11.03 ≒ 11.0$〔m〕

答 11.0 m

別解　「$v^2 - v_0^2 = -2gy$」より

$0^2 - (14.7)^2 = -2 \times 9.80 \times y_1$

$y_1 = 11.025 ≒ 11.0$〔m〕

(3) **1**　求める時間を t_2〔s〕とする。

地表に戻ったとき，小球の変位は 0 になる。

2　鉛直投げ上げの式「$y = v_0 t - \dfrac{1}{2}gt^2$」より

3　$0 = 14.7 \times t_2 - \dfrac{1}{2} \times 9.80 \times t_2{}^2$

$t_2{}^2 - 3.00 t_2 = 0$

$t_2(t_2 - 3.00) = 0$

$t_2 = 0,\ 3.00$　$t_2 > 0$ より　**答 3.00 s**

別解　運動の対称性より

$t_2 = 2t_1 = 2 \times 1.50 = 3.00$〔s〕

(4) **1**　求める速度を v_2〔m/s〕とする。

2　鉛直投げ上げの式「$v = v_0 - gt$」より

3　$v_2 = 14.7 - 9.80 \times 3.00$

$= -14.7$〔m/s〕

（速さ）
‖
（速度の大きさ）

答 14.7 m/s

別解　運動の対称性より，v_2 は初速度と大きさが等しく逆向き。よって　$v_2 = -14.7$〔m/s〕

類題 11 鉛直投げ上げ

地表から小球を鉛直上向きに 19.6 m/s で投げ上げた。重力加速度の大きさを 9.80 m/s² とする。

(1) 小球が最高点に達するまでの時間を求めよ。

(2) 小球が達する最高点の地表からの高さを求めよ。

(3) 投げ上げてから小球が地表に戻るまでの時間を求めよ。

(4) 小球が地表に戻ったときの速さを求めよ。

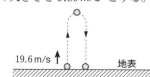

25 ［自由落下と鉛直投げ下ろし］　橋の上から小球 A を自由落下させ，1.0 s 後に小球 B を鉛直下向きに投げ下ろした。すると，小球 A を自由落下させてから 4.0 s 後に，小球 A と小球 B は水面に同時に到達した。ただし，空気抵抗は無視できるものとし，重力加速度の大きさを 9.8 m/s² とする。

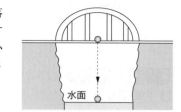

(1) 水面に達したときの，小球 A の速さを求めよ。

(2) 水面から橋の上までの高さを求めよ。

(3) 小球 B の初速度の大きさを求めよ。

26 ［雨滴の落下］　上空 2000 m にできた雨雲から落下する雨滴について考える。実際の雨滴には空気抵抗がはたらくため，地表に到達するときの速さは 10 m/s にも満たない。しかし，仮に雨滴にはたらく空気抵抗が無視できる場合，どのようになるかを考えてみよう。<u>重力加速度の大きさを 10 m/s²</u> とする。

(1) 雨滴が地表に達するまでの時間を求めよ。

(2) 雨滴が地表に達するときの速さは何 m/s か。

(3) 雨滴が地表に達するときの速さは何 km/h か。

27 ［鉛直投げ上げ］　ビルの屋上から小球を鉛直上向きに 9.8 m/s で投げ上げた。すると投げ上げてから 4.0 s 後に小球は地表に到達した。ただし，空気抵抗は無視できるものとし，重力加速度の大きさを 9.8 m/s² とする。

(1) 投げ上げてから最高点に達するまでの時間を求めよ。

(2) ビルの屋上から最高点までの高さを求めよ。

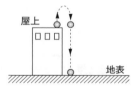

(3) 再びビルの屋上の高さに小球が戻るまでの時間を求めよ。

(4) 地表からビルの屋上までの高さを求めよ。

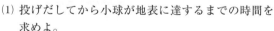

28 ［水平投射］　高さ 19.6 m のビルの屋上から，<u>水平方向に 18 m/s の速さで小球を投げだした。</u>
（発展）空気抵抗は無視できるものとし，重力加速度の大きさを 9.8 m/s² とする。

(1) 投げだしてから小球が地表に達するまでの時間を求めよ。

(2) 投げだした所から落下した所までの水平到達距離を求めよ。

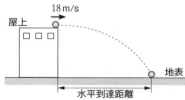

(3) 水平方向に投げだす小球の速さを 2 倍にした。このとき，地表に達するまでの時間は(1)の何倍になるか。また，水平到達距離は(2)の何倍になるか。

▶5 力の表し方 *description of forces*

■ 中学までの復習 ■

・力の3要素……力の（　　　），力の（　　　），力の（　　　）。
・質量，重力，フックの法則，N（ニュートン），作用・反作用の法則

解答
大きさ，向き，
作用点（順不同）

● 確認事項 ● 以下の空欄に適当な語句・数値を入れよ。

① 力の表し方

● 力 F〔N〕……物体を変形させたり，物体の速度
（運動の向きや速さ）を変化させるもの。
大きさと向きの両方をもつ。

● 力の表し方

- 力の3要素……力の大きさ，力の向き，力の作用点
　　　　　　　（矢印の長さ）（矢印の向き）（力を受ける点）
- 力の作用線……作用点を通り，力の向きに引いた直線。

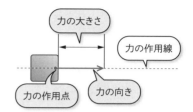

② 力の単位

力の単位には N（ニュートン）を用いる。1N とは，質量 1 kg の物体に 1 m/s² の加速度を生じさせる力の大きさのことである。つまり，〔N〕＝〔kg·m/s²〕

③ 重力

● 質量 m〔kg〕……物体に固有の量で，慣性の大きさを表す量。
● 重力 W〔N〕……地球（天体）の中心に向かって物体を引きつける力。鉛直下向きにはたらく。

$$W = mg$$
（重力の大きさ〔N〕）＝（質量〔kg〕）×（重力加速度の大きさ〔m/s²〕）

作用点は重心にかく

重力は mg で表現されることが多い

ex 質量 1.0 kg の物体にはたらく重力の大きさはほぼ（　　）N である。
　　①
$W = mg = 1.0 \text{ kg} \times 9.8 \text{ m/s}^2 = 9.8 \text{ kg·m/s}^2 = 9.8 \text{ N}$

重力の大きさを「重さ」という

④ 張力，弾性力

● 張力 T〔N〕……糸が物体を引く力。糸に平行な向きにはたらく。

● 弾性力 F〔N〕……ばねが物体を引く力。ばねに平行な向きにはたらく。

> ベストフィット
>
> 物体が受ける力
> ⇓
> ①まず，重力！
> ②接触しているところから力を受ける

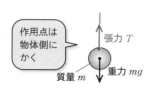

作用点は物体側にかく

張力 T

質量 m　重力 mg

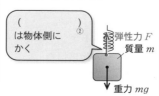

（　　）②は物体側にかく

弾性力 F
質量 m

重力 mg

解答　① 9.8　② 作用点

⑤ 面から受ける力（垂直抗力と摩擦力）

● 垂直抗力 N〔N〕……（接触）面が物体を押す力。面に（　　　）な向きにはたらく。
　　　　　　　　　　　　　　　　　　　　　　　　　　　　　　③

● 摩擦力 f〔N〕……（接触）面が物体を押す力。面に平行な向きにはたらく。（垂直抗力と摩擦力を合わせて抗力という）

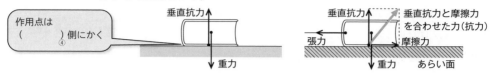

⑥ 力の分類

● 接触しているものから受ける力……（例）張力，弾性力，垂直抗力など

● 空間を隔てたものから受ける力……（例）重力，静電気力，磁気力など

⑦ 作用と反作用

● 作用・反作用の法則……作用と反作用とは同一直線上にあり，同時に作用しあい，互いに逆向きで大きさが等しい。2物体間で及ぼしあう力。

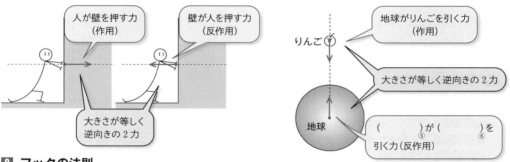

⑧ フックの法則

● フックの法則……ばねを引き伸ばしたとき，弾性力の大きさはばねの伸びに比例して大きくなる。

$$F = kx$$
（弾性力の大きさ〔N〕）＝（ばね定数〔N/m〕）×（ばねの伸び〔m〕）

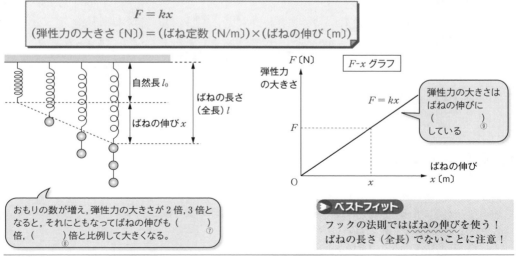

ベストフィット

フックの法則ではばねの伸びを使う！
ばねの長さ（全長）でないことに注意！

（解答）　③ 垂直　④ 物体　⑤ りんご　⑥ 地球　⑦ 2　⑧ 3　⑨ 比例

図1のように，水平な床の上に質量 M〔kg〕の物体Bがあり，その上に質量 m〔kg〕の物体Aが置かれている。重力加速度の大きさを g〔m/s²〕とし，物体AとBの間の<u>垂直抗力の大きさを</u> ❶ N_1〔N〕，床と物体Bの間の垂直抗力の大きさを N_2〔N〕とする。

(1) 物体Aにはたらく力を図示せよ。

(2) 物体Bにはたらく力を図示せよ。

図2のように，自由落下している質量 m〔kg〕のりんごがある。空気抵抗は無視できるものとし，重力加速度の大きさを g〔m/s²〕とする。

(3) りんごにはたらく力を図示せよ。

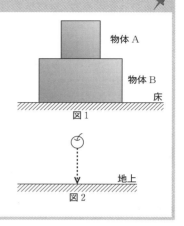

図1

図2

解答

(1)〜(3) 解説参照

リード文check

❶─（接触）面に対して垂直にはたらく

■ 力の表し方の基本プロセス **Process**

プロセス 1 注目する物体を決める

プロセス 2 その物体に作用点をかく

プロセス 3 向きに注意して矢印をかく

解説

(1) **プロセス 1** 注目する物体を決める

 プロセス 2 その物体に作用点をかく

 プロセス 3 向きに注意して矢印をかく

 答

物体Aが物体Bから受ける垂直抗力の作用点は，物体A側にかく！

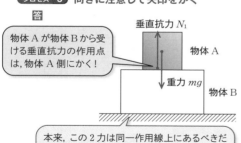

垂直抗力 N_1

物体A

重力 mg

物体B

本来，この2力は同一作用線上にあるべきだが，見やすくするため，この図では少しだけずらしてかかれている

(2) **1 2 3** **答**

物体Bが物体Aから受ける垂直抗力の作用点は，物体B側にかく！

⇓

物体Aの重力とかかないこと！

物体Bが床から受ける垂直抗力の作用点は，物体B側にかく！

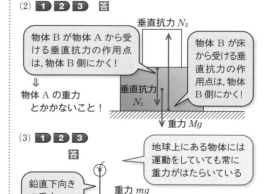

垂直抗力 N_2

垂直抗力 N_1

重力 Mg

(3) **1 2 3** **答**

地球上にある物体には運動をしていても常に重力がはたらいている

鉛直下向きの重力

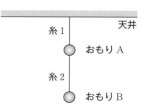

重力 mg

類題 12 力の表し方

右図のように，天井から質量 M〔kg〕のおもりAを軽い糸1でつるし，さらに軽い糸2で質量 m〔kg〕のおもりBをつるした。重力加速度の大きさを g〔m/s²〕とし，糸1および糸2における張力の大きさをそれぞれ T_1〔N〕，T_2〔N〕とする。

(1) おもりAにはたらく力を図示せよ。

(2) おもりBにはたらく力を図示せよ。

天井

糸1

おもりA

糸2

おもりB

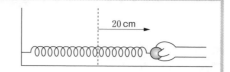

軽いばねの一端を固定し，他端を手でもって自然長か
ら 20 cm 引き伸ばすと，弾性力の大きさが 0.30 N にな
った。

(1) このばねのばね定数を求めよ。

(2) このばねを 30 cm 引き伸ばしたときの弾性力の大きさを求めよ。

(3) 弾性力の大きさ F〔N〕を縦軸に，ばねの伸び x〔m〕を横軸にとった F-x グラフをかけ。ただ
し，$0 \leqq x \leqq 0.40$ の範囲とする。

解答

(1) 1.5 N/m　(2) 0.45 N（4.5×10^{-1} N）

(3) 解説参照

リード文check

❶— 質量が無視できるばね

❷— ばねが伸びも縮みもしていないときのばねの長さ

■ **フックの法則の基本プロセス** ▶ **Process**

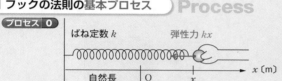

プロセス **0**　ばね定数 k　　弾性力 kx

自然長　O　x　x〔m〕
ばねの伸び

プロセス **1** 図に情報をかきこむ

プロセス **2** 単位の換算に注意する

プロセス **3** フックの法則を適用する

解説

(1) プロセス **1** 図に情報をかきこむ

　求めるばね定数を k〔N/m〕，自然長からのばね
の伸びを x〔m〕とする。

　プロセス **2** 単位の換算に注意する

　ばねの伸び　20 cm $= 20 \times 10^{-2}$ m
　　　　　　　　　　 $= 0.20$ m

　プロセス **3** フックの法則を適用する

　フックの法則　$F = kx$ より

　　$0.30 = k \times 0.20$

　　$k = 1.5$〔N/m〕　　**答** **1.5 N/m**

(2) 求める弾性力の大きさを F_2〔N〕とする。

　❷ ばねの伸び　30 cm $= 30 \times 10^{-2}$ m
　　　　　　　　　　　 $= 0.30$ m

3 フックの法則　$F = kx$ より

　　$F_2 = 1.5 \times 0.30$

　　　 $= 0.45$〔N〕

　答 **0.45 N（4.5×10^{-1} N）**

(3) **答**

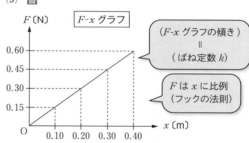

F〔N〕　　F-x グラフ

（F-x グラフの傾き）
＝
（ばね定数 k）

F は x に比例
（フックの法則）

類題 13 フックの法則

軽いばねの一端を固定し，他端を手でもって自然長から
10 cm 引き伸ばすと，弾性力の大きさが 0.25 N になった。

(1) このばねのばね定数を求めよ。

(2) このばねを 14 cm 引き伸ばしたときの弾性力の大きさ
を求めよ。

(3) 弾性力の大きさ F〔N〕を縦軸に，ばねの伸び x〔m〕を横軸にとった F-x グラフをかけ。ただ
し，$0 \leqq x \leqq 0.20$ の範囲とする。

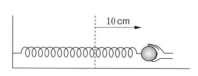

29 ［単位換算］　次の長さを m を単位として表せ。

（数トレ）　(1) 1.5 cm　　(2) 40 cm　　(3) 3.2 mm　　(4) 25 mm　　(5) 2.4 km　　(6) 12 km

30 ［力の表し方］　次の場合において，指定された<u>物体</u>にはたらく力を図示せよ。また，その力は，何が何から受ける力なのかを例のように明示せよ。

（例）自由落下するおもり

おもりが 地球から受ける力　　※2つのポイントをおさえて答えること。
何が ① 何から ②

(1) 鉛直投げ上げされたおもり

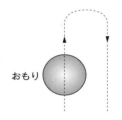

(2) 水平な床に置かれた物体

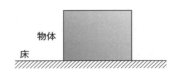

(3) 天井から軽いばねでつりさげられて
　　静止しているおもり

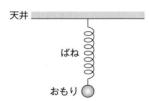

(4) 天井から糸1と糸2で
　　つりさげられたおもり

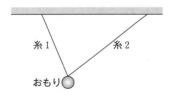

(5) 摩擦のない斜面上で静止する物体

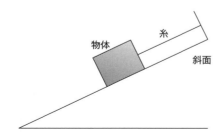

(6) 水平な床の上の物体（ばねは自然長より
　　も伸びているが，
　　物体は床から離れ
　　ていない）

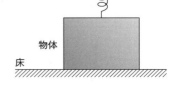

31 ［力の表し方］ 例にならって空欄（ ）に適切な語句を入れよ。

（例）天井から糸でつるされたおもり

F_1：（おもり）が（地球）から受ける力
F_2：（おもり）が（糸）から受ける力
F_3：（天井）が（糸）から受ける力

(1)
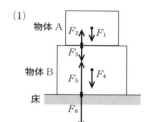

F_1：（　　）が（　　　　）から受ける力
F_2：（　　）が（　　　　）から受ける力
F_3：（　　）が（　　　　）から受ける力
F_4：（　　）が（　　　　）から受ける力
F_5：（　　）が（　　　　）から受ける力
F_6：（　　）が（　　　　）から受ける力

(2)
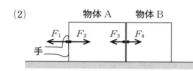

F_1：（　　）が（　　　　）から受ける力
F_2：（　　）が（　　　　）から受ける力
F_3：（　　）が（　　　　）から受ける力
F_4：（　　）が（　　　　）から受ける力

32 ［作用・反作用］

(1) **31** の(1)で作用と反作用の組になっている力をすべて記号で答えよ。

(2) **31** の(2)で作用と反作用の組になっている力をすべて記号で答えよ。

33 ［弾性力］ 自然長が 0.10 m，ばね定数が 2.0 N/m のばねがある。次のそれぞれの状況で，物体にはたらく弾性力の大きさを求めよ。

(1)
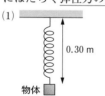

(2)
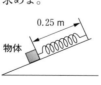

(3)
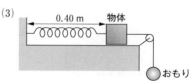

34 ［フックの法則］ 弾性力の大きさ F〔N〕とばねの伸び x〔m〕の関係を表す F-x グラフがある。

(1) このばねのばね定数を求めよ。

(2) このばねを自然長より 0.24 m だけ伸ばしたとき，ばねの弾性力の大きさを求めよ。

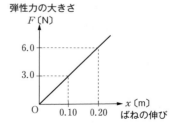

▶ 6 力のつりあい *equilibrium of forces*

● **確認事項** ● 以下の空欄に適当な語句・数値を入れよ。

1 力の合成

● 力の合成……1つの物体にはたらく2つ以上の力を，これと同等のはたらきをする1つの力に置きかえること。置きかえられた力のことを**合力**という。

● 2力が一直線上のとき ┃ ● 2力が平行でないとき

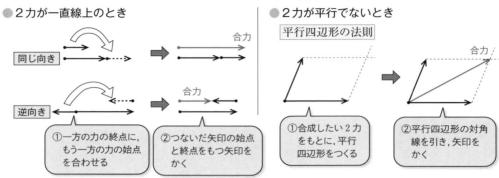

平行四辺形の法則

同じ向き → 合力

逆向き → 合力

①一方の力の終点に，もう一方の力の始点を合わせる

②つないだ矢印の始点と終点をもつ矢印をかく

①合成したい2力をもとに，平行四辺形をつくる

②平行四辺形の対角線を引き，矢印をかく

2 力の分解

● 力の分解……物体にはたらく1つの力を，これと同等のはたらきをする2力に置きかえること。置きかえられた力のことを**分力**という。

力は，物体が運動する方向と，それに垂直な方向に分解して考えることが多い

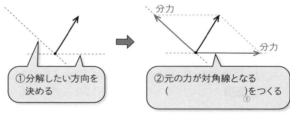

①分解したい方向を決める

②元の力が対角線となる（　　　　　）をつくる
　　①

● 力の成分表示……力を直交する x 軸，y 軸方向に分解したときの分力の大きさに，向きを表す符号をつけたもの。F_x, F_y と表記し，それぞれ力の x 成分，y 成分という。三平方の定理より，次式が成りたつ。

$$F^2 = F_x{}^2 + F_y{}^2$$

y 成分　元の力

x 成分

$F^2 = F_x{}^2 + F_y{}^2$

3 力のつりあい

● 2力のつりあい……同一作用線上にある2力が大きさが等しく逆向きの場合，2力はつりあい，合力は0となる。

● 3力のつりあい……平行でない3力がつりあう場合，どの2力の合力も残りの1つの力とつりあい，合力は（　　　）となる。
　　②

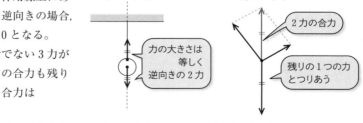

2力のつりあい

力の大きさは等しく逆向きの2力

3力のつりあい

2力の合力

残りの1つの力とつりあう

（解答）　① 平行四辺形　② 0

右図のように，重さ60Nのおもりを糸1と糸2を用いて天井からつるした。

(1) 糸1がおもりを引く張力の大きさ T_1〔N〕を求めよ。

(2) 糸2がおもりを引く張力の大きさ T_2〔N〕を求めよ。

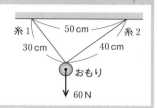

糸1　50cm　糸2
30cm　40cm
おもり
60N

1章
物体の運動

解答

(1) $T_1 = 48\,\mathrm{N}$　(2) $T_2 = 36\,\mathrm{N}$

■ **力のつりあいの基本プロセス**　Process

プロセス 0

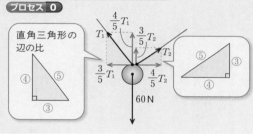

直角三角形の辺の比

$\frac{4}{5}T_1$　$\frac{3}{5}T_2$
T_1
T_2
④　⑤
③
⑤　③
④
$\frac{3}{5}T_1$　$\frac{4}{5}T_2$
60N

プロセス 1 物体にはたらく力をすべて図示し，鉛直・水平方向に力を分解する

プロセス 2 鉛直方向と水平方向について，力のつりあいの式をたてる

プロセス 3 連立方程式を解き，求めたい物理量を求める

解説

(1)
(2)

プロセス 1 物体にはたらく力をすべて図示し，鉛直・水平方向に力を分解する

プロセス 2 鉛直方向と水平方向について，力のつりあいの式をたてる

鉛直方向の力のつりあいの式より

$$\frac{4}{5}T_1 + \frac{3}{5}T_2 = 60 \quad\cdots\cdots①$$

水平方向の力のつりあいの式より

$$\frac{3}{5}T_1 = \frac{4}{5}T_2 \quad\cdots\cdots②$$

プロセス 3 連立方程式を解き，求めたい物理量を求める

①，②を連立させて解くと，

$T_1 = 48$〔N〕，$T_2 = 36$〔N〕

答 $T_1 = 48\,\mathrm{N}$

$T_2 = 36\,\mathrm{N}$

別解 三角形の辺の比で解く。

3力のつりあいを図で示すと，

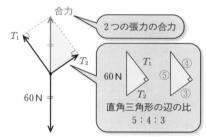

合力
T_1
T_2
60N
60N
2つの張力の合力
T_1　④
⑤　③
T_2
直角三角形の辺の比
5 : 4 : 3

直角三角形の辺の比5:4:3が3つの力の大きさの比に等しい。

$60 : T_1 : T_2 = 5 : 4 : 3$

よって　$T_1 = 48$〔N〕，$T_2 = 36$〔N〕

類題 14 力のつりあい

右図のように，重さ52Nのおもりを糸1と糸2を用いて天井からつるした。

(1) 糸1がおもりを引く張力の大きさ T_1〔N〕を求めよ。

(2) 糸2がおもりを引く張力の大きさ T_2〔N〕を求めよ。

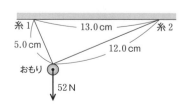

糸1　13.0cm　糸2
5.0cm　12.0cm
おもり
52N

35 ［力の合成］　次の 2 力の合力の大きさを求めよ。

(1) 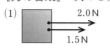　　(2) 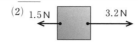　　(3) 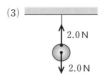　　(4)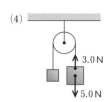

36 ［力の合成］　次の直交する 2 力の合力を図示し，その大きさを求めよ。ただし，$\sqrt{2} = 1.4$，$\sqrt{5} = 2.2$ とする。

(1) 　　(2) 　　(3) 　　(4)

37 ［力の分解］　次の力の x 成分と y 成分を求めよ。ただし，$\sqrt{2} = 1.41$，$\sqrt{3} = 1.73$ とする。

(1) 　　(2) 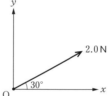　　(3)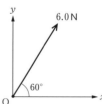

38 ［力の分解］　斜面上に質量 1.0 kg の物体がある。この物体にはたらく重力を図示し，斜面に平行な方向と，斜面に垂直な方向に分解し，それぞれの成分の大きさを求めよ。ただし，重力加速度の大きさを 9.8 m/s^2，$\sqrt{2} = 1.41$，$\sqrt{3} = 1.73$ とする。

(1) 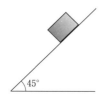　　(2) 　　(3)

39 ［2力のつりあい］　図1のように，質量 0.50 kg の物体
が糸で天井からつるされている。重力加速度の大きさを
9.8 m/s² とする。

(1) 物体にはたらく<u>重力</u>の大きさを求めよ。

(2) 物体が糸に引かれる張力の大きさを求めよ。

　図2のように，水平な床の上に質量 3.0 kg の物体が置
かれている。重力加速度の大きさを 9.8 m/s² とする。

(3) 物体にはたらく重力の大きさを求めよ。

(4) 物体が床から押される垂直抗力の大きさを求めよ。

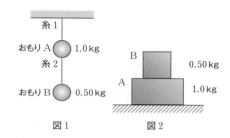

40 ［力のつりあい］　図1のように，質量 1.0 kg のお
もり A が軽い糸1で天井からつられ，さらに軽
い糸2の下に質量 0.50 kg のおもり B がつられて
いる。重力加速度の大きさを 9.8 m/s² とする。

(1) 糸2がおもり B を引く張力の大きさを求めよ。

(2) 糸1がおもり A を引く張力の大きさを求めよ。

　図2のように，水平な床の上に質量 1.0 kg の物
体 A があり，その上に質量 0.50 kg の物体 B が
置かれている。重力加速度の大きさを 9.8 m/s²
とする。

(3) 物体 A が B を押す垂直抗力の大きさを求めよ。

(4) 床が物体 A を押す垂直抗力の大きさを求めよ。

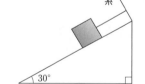

41 ［斜面上の力のつりあい］　右図のように，水平面と 30° の角をなす
摩擦の無視できる斜面がある。そこに質量 1.0 kg の物体が糸でつ
られ<u>静止</u>している。重力加速度の大きさを 9.8 m/s²，$\sqrt{3} = 1.73$ と
する。

(1) 糸が物体を引く張力の大きさを求めよ。

(2) 斜面が物体を押す垂直抗力の大きさを求めよ。

42 ［ばねのつりあい］　ばね定数が 49 N/m の軽いばね A と B がある。重力加速度の大きさを
9.8 m/s² とし，以下の場合のばね A の伸びを求めよ。

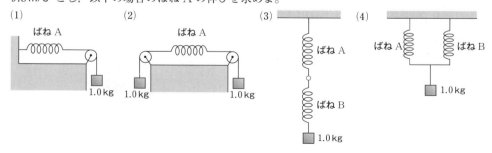

▶ **7** 運動の三法則　*the laws of motion*

■ **中学までの復習** ■

・慣性…物体がその運動の状態を保ち続けようとする性質

・慣性の法則, 質量, 力, 作用・反作用の法則

> 「運動の状態」とは,
> 「速度（速さ＋向き）」と考える

● **確認事項** ●　以下の空欄に適当な語句・数値を入れよ。

1 慣性の法則（運動の第一法則）

「物体が, 外からの力を受けないか, あるいは受ける力がつりあっているならば, 静止している物体は静止したままで, また運動している物体は等速直線運動を続ける。」

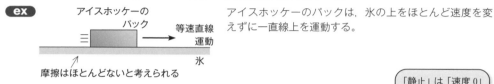

アイスホッケーのパックは, 氷の上をほとんど速度を変えずに一直線上を運動する。

＊慣性の法則は次のようにいいかえることができる。

「物体は, 受けているすべての力の合力が **0** ならば, その速度（速さ＋向き）を保ち続ける。」

（注）速度を保とうとする性質を（　　①　　）とよぶ。

> 「静止」は「速度0」と考える

＊さらに, 速度が変わらなければ加速度は（　　②　　）なので, 慣性の法則は次のようにまとめられる。

▶ **ベストフィット**

> 「静止か動くか」ではなく
> 「加速するかしないか」という見方

2 運動の法則（運動の第二法則）

「物体は外からの力を受けると, その合力の向きに加速度を生じる。加速度の大きさは合力の大きさに比例し, 物体の質量に反比例する。」

● 運動方程式……運動の法則（運動の第二法則）を式で表したもの

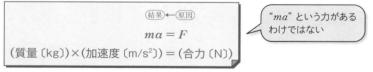

$$ma = F$$

（質量〔kg〕）×（加速度〔m/s²〕）=（合力〔N〕）

> "ma" という力があるわけではない

ex 質量が異なる2つの物体を同じ力でそれぞれ押した場合,
質量が（　　③　　）い物体の方が加速しにくい。

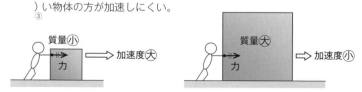

（**解答**）　① 慣性　　② 0　　③ 大き

＊多くの人たち（一般の大人も含めて）が感覚的に思って
　いることと，運動の法則（運動方程式）が示しているこ
　とは異なっている点がある。

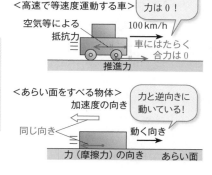

＜高速で等速度運動する車＞
速度Ⓐでも力は0！
空気等による抵抗力
100 km/h
車にはたらく合力は0
推進力

▶ ベストフィット
・加速度が大きいときは，必ず大きな力がはたらいている
　（速度）
・物体は必ず力と同じ向きに加速する
　　　　　　　　　　　　　　　（動く）
　　　※ここでの「力」は「物体が受けている力の合力」の意味

＜あらい面をすべる物体＞
加速度の向き
力と逆向きに動いている！
同じ向き
動く向き
力（摩擦力）の向き
あらい面

＊運動方程式は，物体に力がはたらくとその結果として
　加速度が生じるという，原因と結果の関係（因果関係）
　を表している。力 F が "ma" という力とつりあってい
　ると考えてはいけない！

＊質量 m が大きいほど加速しにくい。つまり，その速度を
　（　　　　　　　　）とするので，質量 m は慣性の大きさを示している。
　　　④

慣性には大きさがある

③ 作用・反作用の法則（運動の第三法則）

「作用と（　　　　　　　　）とは同一直線上にあり，同時に作用しあい，互いに逆向きで
　　　　　　⑤
（　　　　　　　　）が等しい。」　→ p. 27 参照
　　⑥

＊作用・反作用の関係と2力のつりあいはまったく別のものである。混同しないように注意しよう。

▶ ベストフィット
　{ 2力のつりあい ⇒ 2力とも1つの物体が受ける力
　{ 作用・反作用 ⇒ 一方はある物体が受ける力，他方は別の物体が受ける力

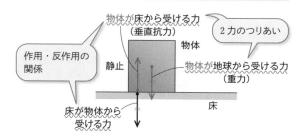

物体が床から受ける力
（垂直抗力）
物体
2力のつりあい
作用・反作用の関係
静止
物体が地球から受ける力
（重力）
床が物体から受ける力
床

＊作用・反作用の法則は，物体が運動をしていても成立する。

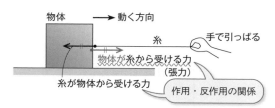

物体
動く方向
糸
手で引っぱる
物体が糸から受ける力
（張力）
糸が物体から受ける力
作用・反作用の関係

解答　④ 保とう　⑤ 反作用　⑥ 大きさ

なめらかな水平面上で，質量 2.0 kg の物体に水平方向に力を加えて速度を変化させた。右図はその物体の速度 v 〔m/s〕と時刻 t 〔s〕の関係を示すグラフ（v-t グラフ）である。$t = 5$，15，30 s をそれぞれ時刻 A，B，C とする。また，右向きを正の向きと定める。

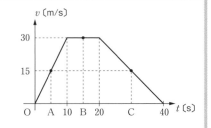

(1) $t = 0 \sim 40$ s の間の加速度 a 〔m/s²〕と時刻 t 〔s〕の関係❶ を示すグラフ（a-t グラフ）をかけ。

(2) 時刻 A，B，C のうち，物体に加えた力の大きさが最大であったのはいつか。記号で答えよ。❷

(3) $t = 0 \sim 40$ s の間で，物体に加えた力が 0 であったのはいつか。

(4) 時刻 A，B，C のうち，物体に加えた力の向きが左向きであったのはいつか。記号で答えよ。

解答
(1) 解説参照 (2) A
(3) $t = 10 \sim 20$ s の間 (4) C

リード文check
❶—v-t グラフの傾きが加速度を表す
❷—物体に力を加えた結果，加速度（速度）が生じる

> 運動の法則（運動方程式）より

■ **v-t グラフから力を考察する基本プロセス** **Process**

プロセス 1 v-t グラフの傾きから加速度を求める
プロセス 2 運動方程式 $ma = F$ より，「力 F は加速度 a に比例する」ことに着目する
プロセス 3 運動方程式 $ma = F$ より，「力 F と加速度 a の向きは同じである」ことに着目する

解説

(1) **1** $t = 0 \sim 10$ s，$10 \sim 20$ s，$20 \sim 40$ s の加速度を，それぞれ a_A，a_B，a_C 〔m/s²〕とする。

$$a_A = \frac{30 - 0}{10 - 0} = \frac{30}{10} = 3.0 \text{〔m/s²〕}$$

> 等速
> ⇩
> 加速度 0

$$a_B = \frac{30 - 30}{20 - 10} = 0 \text{〔m/s²〕}$$

$$a_C = \frac{0 - 30}{40 - 20} = -\frac{30}{20} = -1.5 \text{〔m/s²〕}$$

> 加速度が負
> ⇩
> 左向きに
> 加速！

答

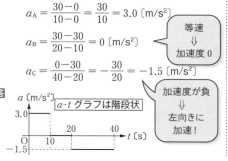

> a-t グラフは階段状

(2) **2** 加えた力の大きさが最大となるのは，加速度の大きさが最大となるときである。(1)より，求める時刻は A。 **答 A**

(3) **2** 加えた力が 0 となるのは，加速度が 0 となるとき，つまり，$t = 10 \sim 20$ s の間。

> 力と速度は直接的な関係なし

答 $t = 10 \sim 20$ s の間

> 速度が 0 となる時刻ではない！

(4) **3** 加えた力が左向き（負の向き）となるのは，加速度が左向きとなる時刻 C。 **答 C**

類題 15 運動の法則

なめらかな水平面上で，物体に水平方向に力を加えて運動をさせた。そのときの v-t グラフが右図である。$t = 1$，3，5，7 s をそれぞれ時刻 A，B，C，D とする。また，右向きを正の向きと定める。

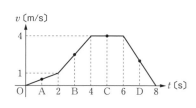

(1) 時刻 A～D のうち，物体に加えた力の大きさが最大であったのはいつか。

(2) 時刻 A～D のうち，物体に加えた力の向きが左向きであったのはいつか。

練習問題

43 ［慣性の法則］　次の文の空欄に適する語や数を書け。

　　物体が力を受けなければ，あるいは受けていてもその合力が（　①　）であれば，静止している物体は（　②　）したままで，また運動している物体は（　③　）を続ける。

　　これを（　④　）の法則という。物体は，本来静止している場合も含めて，その（　⑤　）を保ち続ける性質をもっている。この性質を（　⑥　）という。

44 ［慣性の法則］　等速直線運動をしている飛行機の底から，物体を静かにはなした。物体が受ける空気抵抗は無視して，以下の問いに答えよ。

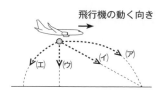

(1) 地面から観察すると，物体はどのように落下するか。図の(ア)〜(エ)から選べ。

(2) 飛行機から観察すると，物体はどのように落下するか。簡潔に述べよ。

45 ［運動の法則］　次の文の空欄に適する語や式を書け。

　　物体は，いくつかの力がはたらくとき，その力の合力の向きに（　①　）が生じる。その大きさは合力の大きさに（　②　）し，物体の質量に（　③　）する。これを（　④　）の法則という。

　　質量 m の物体に，合力 F がはたらいた結果，加速度 a が生じたとすると，（　⑤　）の関係が成り立つ。これは，運動の法則を式で表したもので，（　⑥　）という。

46 ［作用・反作用の法則，力のつりあい］　図のように，あらい水平面上で静止している物体が，人から力を受けている。図のように $F_1 \sim F_5$ を定める。

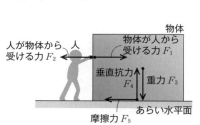

A　物体が動いていないとして，次の問いに答えなさい。

(1) 2力のつりあいの関係となっている力の組を $F_1 \sim F_5$ からすべて選べ。

(2) 作用・反作用の関係となっている力の組を $F_1 \sim F_5$ から選べ。

B　物体が右向きに動き出した（加速した）として，次の問いに答えなさい。

(3) F_1 と F_2 の大小関係を等号または不等号を使って表せ。

(4) F_3 と F_4 の大小関係を等号または不等号を使って表せ。

(5) F_1 と F_5 の大小関係を等号または不等号を使って表せ。

● 〔確認事項〕 以下の空欄に適当な数値・数式を入れよ。

運動方程式をたてる際は，以下の手順でたてるとよい。

■ **運動方程式のたて方の基本プロセス**) Process

〔プロセス **1**〕 着目する物体を決め，その物体が受ける力をすべて力の矢印で図示する

〔プロセス **2**〕 軸を設定し，正の向きを定める

（運動する方向に x 軸，それに垂直な方向に y 軸を設定する）

> 着目する物体が他の物体に及ぼす力は関係ない！

〔プロセス **3**〕 力を x 軸方向，y 軸方向に分解し，

$$\left\{ \begin{array}{l} x \text{軸方向では } \quad ma = F \\ y \text{軸方向では } \quad 力のつりあいの式 \end{array} \right\} をたてる$$

F は "合力"

〔**ex.1**〕 なめらかな水平面上に質量 $4\,\mathrm{kg}$ の物体を置き，右向きに $8\,\mathrm{N}$ の力で引いた場合

1 質量 $4\,\mathrm{kg}$ の物体に着目し，この物体が受ける力をすべて図示する。

2 水平方向に x 軸をとり，右向きを正の向きとする。

3 x 軸方向で「$ma = F$」の式をたてる。

$$(\underset{①}{\underset{質量}{\quad}}) \times \underset{加速度}{a} = \underset{合力}{8}$$

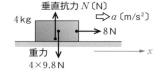

〔**ex.2**〕 質量 $3\,\mathrm{kg}$ の物体に糸をつけて $50\,\mathrm{N}$ の力で引き上げた場合

1 質量 $3\,\mathrm{kg}$ の物体に着目し，この物体が受ける力をすべて図示する。

2 鉛直方向に x 軸をとり，上向きを正の向きとする。

3 x 軸方向で「$ma = F$」の式をたてる。

$$\underset{質量}{3} \times \underset{加速度}{a} = (\underset{②}{\underset{合力}{\quad}}) - 3 \times 9.8$$

重力を忘れやすい

> ● **ベストフィット**

水平方向，鉛直方向いずれも同じ物理法則（運動の法則）が成り立つ！

〔**ex.3**〕 あらい水平面上に質量 $5\,\mathrm{kg}$ の物体を置き，右向きに $12\,\mathrm{N}$ の力で引いて動かしている場合

（物体が水平面から受ける垂直抗力の大きさを $N\,\mathrm{(N)}$，動摩擦力の大きさを $f\,\mathrm{(N)}$ とする）

1 質量 $5\,\mathrm{kg}$ の物体に着目し，この物体が受ける力をすべて図示する。

2 水平方向に x 軸をとり，右向きを正の向きとする。鉛直方向に y 軸をとり，上向きを正の向きとする。

3 $\left\{ \begin{array}{l} x \text{軸方向で「} ma = F \text{」} \\ y \text{軸方向で「力のつりあいの式」} \end{array} \right\}$ をたてる。

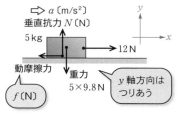

y 軸方向はつりあう

$$\left\{ \begin{array}{l} x : \underset{質量}{5} \times \underset{加速度}{a} = (\underset{③}{\underset{合力}{\quad}}) - f \\ y : \quad N = (\underset{④}{\quad}) \end{array} \right.$$

運動方程式

つりあいの式

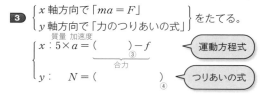

あらい面……摩擦のある面
なめらかな面……摩擦のない面
（摩擦を無視できる面）

〔解答〕 ① 4 ② 50 ③ 12 ④ 5×9.8

例題 16 運動方程式

図のように，質量 10 kg の物体をつるした軽い糸の上端を持って，物体を鉛直方向に動かした。重力加速度の大きさを 9.8 m/s^2 とする。

(1) 糸の張力が 128 N のとき，物体の加速度の大きさと向きを求めよ。
    ①

(2) 物体が加速度 4.0 m/s^2 の大きさで下降しているとき，糸の張力はいくらか。

(3) 物体が一定の速さ 10 m/s で上昇しているとき，糸の張力はいくらか。
            ②

解答

(1) 3.0 m/s^2，上向き

(2) 58 N　(3) 98 N

リード文 check

❶―「物体が糸から引かれる力」を示している

❷―「加速度が 0」なので，力はつりあっている

■ 運動方程式のたて方の基本プロセス　Process

プロセス 0

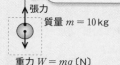

糸には着目しない

張力

質量 $m = 10$ kg

重力 $W = mg$ 〔N〕

プロセス 1 着目する物体を決め，その物体が受ける力をすべて力の矢印で図示する

プロセス 2 軸を設定し，正の向きを定める

プロセス 3 力を x 軸方向，y 軸方向に分解し，

$$\begin{cases} x\text{ 軸方向では} \quad ma = F \\ y\text{ 軸方向では} \quad \text{力のつりあいの式} \end{cases} \text{をたてる}$$

解説

(1) **1** **2** 鉛直方向に x 軸をとり，上向きを正とする。

　3 求める加速度を a〔m/s^2〕とすると，運動方程式は

$$ma = F$$
$$10 \times a = \underbrace{128 - 10 \times 9.8}_{合力}$$
$$10a = 30$$
$$a = 3.0 \text{〔m/s}^2\text{〕}$$

答 3.0 m/s^2，上向き

糸の張力
128 N
a〔m/s^2〕
重力
10×9.8 N

重力を忘れないように！

(2) **1** 糸の張力を T〔N〕とする。

　2 鉛直方向に x 軸をとり，下向きを正とする。

　3 運動方程式は

$$ma = F$$
$$10 \times 4.0 = \underbrace{10 \times 9.8 - T}_{合力}$$
$$40 = 98 - T$$
$$T = 58 \text{〔N〕} \quad \textbf{答 58 N}$$

糸の張力
T〔N〕
4.0 m/s^2
重力
10×9.8 N
x

(3) **1** 糸の張力を T'〔N〕とする。

　2 鉛直方向に x 軸をとり，上向きを正とする。

　3 速度が一定なので，物体にはたらく力はつりあっている。よって

$$T' = 10 \times 9.8$$
$$= 98 \text{〔N〕}$$

答 98 N

糸の張力
T'〔N〕
0 m/s^2
重力
10×9.8 N
x

別解 速度が一定なので，加速度 $a = 0$ である。よって，運動方程式は

$$ma = F$$
$$10 \times 0 = T' - 10 \times 9.8$$
$$T' = 98 \text{〔N〕}$$

「力のつりあいの式」は「$a = 0$ とした運動方程式」と同じ

類題 16 運動方程式

図のように，質量 5.0 kg の物体を手で支えながら，鉛直方向に一定の加速度 0.20 m/s^2 で持ち上げた。このとき，手が物体に加えた力の大きさ f〔N〕はいくらか。重力加速度の大きさを 9.8 m/s^2 とする。

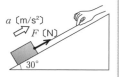

　図のように，傾きが $30°$ のなめらかな斜面上に質量 m〔kg〕の物体を置
き，斜面方向上向きに加速度の大きさ a〔m/s²〕で引き上げた。物体を引
く力の大きさ F〔N〕を求めよ。重力加速度の大きさを g〔m/s²〕とする。

解答

$$F = m\left(a + \frac{1}{2}g\right) \text{〔N〕}$$

▶ リード文check

❶—「なめらか」は，「摩擦力なし」と考える

❷—加速している物体が受ける力を求める ⇒ 運動方程式をたてる

■ **運動方程式のたて方の基本プロセス** 》 **Process**

プロセス 0

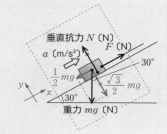

プロセス 1 着目する物体を決め，その物体が受ける力をすべ
て力の矢印で図示する

プロセス 2 軸を設定し，正の向きを定める
（斜面では，斜面に沿った方向と，それに垂直な方
向に軸を設定する）

プロセス 3 力を x 軸方向，y 軸方向に分解し，

$$\begin{cases} x \text{軸方向では} \quad ma = F \\ y \text{軸方向では} \quad \text{力のつりあいの式} \end{cases} \text{をたてる}$$

解説

1　物体を引く力 F〔N〕，垂直
抗力 N〔N〕，重力 mg〔N〕の
3 力を物体は受けている。

2　斜面方向に x 軸をとり，上
向きを正の向きと定める。

3　重力 mg〔N〕を x 軸方向とそれに垂直な方向
（y 軸方向）に分解すると，x 軸方向の成分は
$\frac{1}{2}mg$〔N〕（負の向き）である。

　　したがって，x 軸方向の運動方程式は

$$ma = F - \underbrace{\frac{1}{2}mg}_{\text{合力}}$$

$$F = m\left(a + \frac{1}{2}g\right) \text{〔N〕}$$

答 $F = m\left(a + \frac{1}{2}g\right)$ 〔N〕

（注）　斜面に垂直な方向（y 軸方向）は力がつりあ
っている。

　　y 軸方向の力のつりあいの式より

$$N = \frac{\sqrt{3}}{2}mg$$

　　よって，垂直抗力は $\frac{\sqrt{3}}{2}mg$〔N〕

▶ ベストフィット

　力は，物体が運動する方向と，それに垂直な方向に分解して考えることが多い。

類題 17 斜面での運動方程式

　図のように，傾きが $45°$ のなめらかな斜面上を質量 m〔kg〕の物体がすべり下
りている。このときの物体の加速度の大きさ a〔m/s²〕はいくらか。重力加速度
の大きさを g〔m/s²〕とする。

　また，物体が斜面から受ける垂直抗力の大きさ N〔N〕はいくらか。

例題 18 2物体の運動方程式

図のように，なめらかで水平な面上に質量 M の物体 A がある。物体 A に軽い糸をつけ，水平な面の端に固定したなめらかな滑車に通し，糸の端に質量 m の物体 B をつるす。重力加速度の大きさを g とする。

(1) 糸が物体 B を引く力の大きさを T，物体 B の加速度の大きさを a として，A，B それぞれについて運動方程式をたてよ。

(2) T，a はそれぞれいくらか。

解答

(1) A：$Ma = T$，B：$ma = mg - T$

(2) $T = \dfrac{Mm}{M+m}g$，$a = \dfrac{m}{M+m}g$

リード文check

❶—軽い糸の張力の大きさはどこでも同じ

❷—物体 A と B は1本の糸でつながっているので，物体 A の加速度の大きさも a

■ 運動方程式のたて方の基本プロセス　Process

プロセス 0

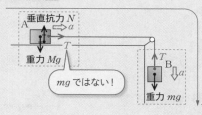

mg ではない！

プロセス 1 着目する物体を決め，その物体が受ける力をすべて力の矢印で図示する

プロセス 2 軸を設定し，正の向きを定める

（A と B は連動して動くので，連動して動く向きに軸を設定する）

プロセス 3 力を x 軸方向，y 軸方向に分解し，

$$\begin{cases} x \text{軸方向では} & ma = F \\ y \text{軸方向では} & \text{力のつりあいの式} \end{cases}$$

をたてる

解説

(1) **1** 物体 A が受ける力は，張力 T，垂直抗力 N，重力 Mg の3つ。物体 B が受ける力は，張力 T，重力 mg の2つ。

2 物体 A については水平方向に x 軸（右向き正）をとる。物体 B については鉛直方向に x 軸（下向き正）をとる。

3 A，B それぞれについて，x 軸方向で運動方程式をたてる。

$$\begin{cases} \text{A：} Ma = T + 0 + 0 & \cdots\cdots ① \\ \text{B：} ma = mg - T & \cdots\cdots ② \end{cases}$$

（合力）

N と Mg は x 軸方向の成分がそれぞれ 0

答 $\begin{cases} \text{A：} Ma = T \\ \text{B：} ma = mg - T \end{cases}$

(2) ①＋②より

$$(M+m)a = mg$$

A と B を "1つの物体" とみたときの運動方程式と考えられる

よって $a = \dfrac{m}{M+m}g$

上式を①へ代入して

$$T = \dfrac{Mm}{M+m}g$$

答 $T = \dfrac{Mm}{M+m}g$，$a = \dfrac{m}{M+m}g$

類題 18 2物体の運動方程式

図のように，なめらかな定滑車に通した軽い糸の両端に，質量 M の物体 A と質量 m の物体 B（$M > m$）をつけ，静かにはなした。重力加速度の大きさを g とする。

(1) 糸が物体 A を引く力の大きさを T，物体 A の加速度の大きさを a として，A，B それぞれについて運動方程式をたてよ。

(2) T，a はそれぞれいくらか。

47 ［運動方程式］　図のように，なめらかな水平面上に置かれた物体に力を加えるとき，物体の加速度はいくらか。右向きを正の向きとし，$\sqrt{3}=1.7$ とする。

(1) 2.0 kg →8.0 N

(2) 3.0 kg ←51 N →18 N

(3) 2.0 kg 20 N 3.0 N 30°

(4) 20 N 5.0 kg 60° →30 N

48 ［運動方程式］　図のように物体に力を加えるとき，物体の加速度の大きさはいくらか。ここでは，重力加速度の大きさを $10\ \mathrm{m/s^2}$ とする。

(1) 糸　↑60 N　物体 3.0 kg

(2) 糸　↑20 N　物体 5.0 kg

49 ［運動方程式］　なめらかな水平面上に静止している質量 m〔kg〕の物体に，右向きに F〔N〕の力を加えた。右向きを正の向きとする。

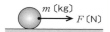

m〔kg〕 → F〔N〕

(1) 加速度はいくらか。

(2) 加える力を $3F$〔N〕にすると，加速度はいくらになるか。また，(1)と比べて何倍になるか。

(3) 加える力は F〔N〕のままで，物体の質量を $3m$〔kg〕にすると，加速度はいくらになるか。また，(1)と比べて何倍になるか。

50 ［運動方程式］　質量 m〔kg〕の物体が重力を受けて鉛直下向きに落下する運動を考える。空気抵抗等はないものとする。

↓重力

(1) 物体にはたらく重力の大きさは質量に比例するので，この大きさを mg〔N〕とする。運動方程式をたてて，物体の加速度の大きさを求めよ。

(2) 物体の質量を $2m$〔kg〕にすると，はたらく重力の大きさは(1)の 2 倍になる。この場合の加速度の大きさは，(1)の何倍になるか。

51 ［運動方程式］　あらい面をもった板の上に質量 m〔kg〕の物体を置いた。重力加速度の大きさを g〔m/s²〕として，次の問いに答えよ。

A　板を水平に固定して物体を右向きに引くと，物体と板との間には一定の大きさ f〔N〕の摩擦力がはたらいた。

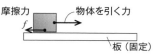

摩擦力 f　物体を引く力　板（固定）

(1) 物体が一定の速さ v〔m/s〕で動いているとき，物体を引く力の大きさ F_1〔N〕はいくらか。

(2) 物体を引く力の大きさを F_2〔N〕にすると，物体は右向きに加速した。このときの加速度の大きさ a_2〔m/s²〕はいくらか。

B 板を水平面に対して 30° 傾けて固定し，物体を斜面
　方向上向きに引くと，物体と板との間には一定の大き
　さ f'〔N〕の摩擦力がはたらいた。

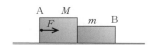

(3) 物体を引く力の大きさを F_3〔N〕にすると，物体は
　　斜面方向上向きに加速した。このときの加速度の大きさ a_3〔m/s²〕はいくらか。

52 ［2物体の運動方程式］　図のように，なめらかな床の上に質量 M, m の物体 A，B を接して置
き，A に右向きに一定の大きさ F の力を加えた。

(1) B が A から受ける力の大きさを f, 物体 B の加速度の大きさ
　　を a として，
　　(a) 物体 A について運動方程式をたてよ。
　　(b) 物体 B について運動方程式をたてよ。
(2) 物体 B の加速度の大きさ a を，M, m, F を用いて表せ。
(3) B が A から受ける力の大きさ f を，M, m, F を用いて表せ。

53 ［2物体の運動方程式］　図のように，質量 M の箱 A の中に質量 m の物体 B が置かれており，
箱 A に対して鉛直上向きに一定の大きさ F の力を加えた。重力加速度の大きさを g とする。

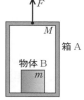

(1) 物体 B が箱 A から受ける垂直抗力の大きさを N, 箱 A の加速度の
　　大きさを a として，
　　(a) 箱 A について運動方程式をたてよ。
　　(b) 物体 B について運動方程式をたてよ。
(2) 箱 A の加速度の大きさ a を，M, m, F, g を用いて表せ。
(3) 物体 B が受ける垂直抗力の大きさ N を，M, m, F を用いて表せ。

54 ［2物体の運動方程式］　図のように，傾きが 60° のなめらかな斜面の上に，質量 m の物体 A
を置く。A には軽い糸で質量 M のおもり B がつながれ，B はなめらかな定滑車を通して鉛直
につり下げられている。いま，A と B を静かにはなしたところ，A は斜面に沿って上向きに，
B は鉛直下向きに運動した。重力加速度の大きさを g とする。

(1) 糸がおもり B を引く力の大きさを T, おもり B の加速度の大きさを
　　a として，
　　(a) 物体 A について運動方程式をたてよ。
　　(b) おもり B について運動方程式をたてよ。
(2) おもり B の加速度の大きさ a を，M, m, g を用いて表せ。
(3) 糸がおもり B を引く力の大きさ T を，M, m, g を用いて表せ。

55 ［空気抵抗を受ける雨粒の運動］　質量 m の雨粒は，空気中を速さ v で落下する
とき，運動方向と逆向きに大きさ kv の空気抵抗を受けるとする。重力加速度の
大きさを g とする。

(1) 速さ v で落下しているときの雨粒の加速度の大きさはいくらか。
(2) 雨粒の速さが大きくなると，加速度はだんだん小さくなり，やがて雨粒は等速で落下するよ
　　うになる。このときの速さ v_f はいくらか。
(3) 雨粒の初速を 0 として，速さ v と時刻 t の関係を表すグラフ（v–t グラフ）の概略をかけ。

1章

物体の運動

▶9 摩擦力 *frictional force*

■ 中学までの復習 ■

・摩擦力

● 確認事項 ● 以下の空欄に適当な語句を入れよ。

① 抗力

● 抗力……物体が（接触）面から受ける力

   ● 垂直抗力……面から受ける抗力の，面に垂直な成分

   ● 摩擦力……面から受ける抗力の，面に平行な成分

> 垂直抗力と摩擦力は抗力の分力

② 摩擦力

● 静止摩擦力 f〔N〕……物体が面に対してすべっていないときにはたらく摩擦力

● 動摩擦力 f'〔N〕……物体が面に対してすべっているときにはたらく摩擦力

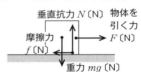

> **▶ ベストフィット**
>
> 物体と面にズレが $\begin{cases} \text{生じていない} \Rightarrow \text{静止摩擦力} \\ \text{生じている} \Rightarrow \text{動摩擦力} \end{cases}$

> あらい面……摩擦のある面
> なめらかな面……摩擦のない面（摩擦を無視できる）

● 最大摩擦力 f_0〔N〕……静止摩擦力の最大値。（すべり始める直前の静止摩擦力）

$$f_0 = \overset{\text{ミュー}}{\mu} N$$

$$\binom{\text{最大摩擦力の}}{\text{大きさ〔N〕}} = （静止摩擦係数）\times \binom{\text{垂直抗力の}}{\text{大きさ〔N〕}}$$

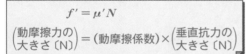

$$f' = \mu' N$$

$$\binom{\text{動摩擦力の}}{\text{大きさ〔N〕}} = （動摩擦係数）\times \binom{\text{垂直抗力の}}{\text{大きさ〔N〕}}$$

③ すべり始めないための条件

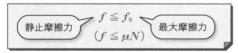

静止摩擦力 $f \leqq f_0$ 最大摩擦力
$(f \leqq \mu N)$

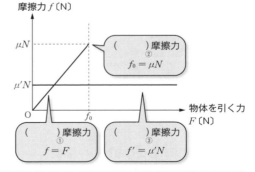

> **▶ ベストフィット**
>
> 静止摩擦力 ⇒ 大きさは一定ではなく，物体を引く力によって変化する！
> 動摩擦力 ⇒ 大きさは一定で，物体の速さに関係なし！

（解答）　① 静止　　② 最大　　③ 動

例題 **19** 静止摩擦力

あらい水平面上に質量 $1.0\,\text{kg}$ の物体があり，水平方向に力の大きさ F 〔N〕で引く。引く力 F 〔N〕を徐々に大きくしていくと，$F = 4.9\,\text{N}$ を超えたときに物体はすべり始めた。重力加速度の大きさを $9.8\,\text{m/s}^2$ とする。

(1) 物体にはたらく重力の大きさを求めよ。

(2) 物体にはたらく垂直抗力の大きさを求めよ。

(3) 物体を引く力が $F = 2.0\,\text{N}$ のときの静止摩擦力の大きさを求めよ。

(4) 最大摩擦力の大きさを求めよ。

(5) 物体と床との間の静止摩擦係数を求めよ。

物体を
引く力
→ F〔N〕
あらい水平面

解答

(1) $9.8\,\text{N}$ (2) $9.8\,\text{N}$ (3) $2.0\,\text{N}$

(4) $4.9\,\text{N}$ (5) 0.50

リード文check

❶―摩擦のある水平面

❷―すべり始める直前の摩擦力が最大摩擦力

■ 静止摩擦力の基本プロセス Process

プロセス 0

垂直抗力 N〔N〕

静止摩擦力 → F〔N〕

f〔N〕

重力 mg〔N〕

プロセス 1 摩擦力の向きを見抜く

（すべろうとする向きと逆向き）

プロセス 2 静止摩擦力の大きさは力のつりあいで求める

プロセス 3 最大摩擦力の式を適用する

解説

(1) 求める重力の大きさを mg〔N〕とする。

$mg = 1.0 \times 9.8$

$= 9.8$〔N〕 **答 9.8N**

(2) 求める垂直抗力の大きさを N〔N〕とする。
鉛直方向の力のつりあいの式より

$N = mg$

$= 9.8$〔N〕 **答 9.8N**

(3) **プロセス 1** 摩擦力の向きを見抜く

（すべろうとする向きと逆向き）

プロセス 2 静止摩擦力の大きさは力のつりあい
で求める

求める静止摩擦力の大きさを f〔N〕とする。
水平方向の力のつりあいの式より

$f = 2.0$〔N〕 **答 2.0N**

(4) 求める最大摩擦力の大きさを f_0〔N〕とする。
水平方向の力のつりあいの式より

$f_0 = 4.9$〔N〕 **答 4.9N**

(5) **プロセス 3** 最大摩擦力の式を適用する

求める静止摩擦係数を μ とし，最大摩擦力の式
より $f_0 = \mu N$

$\mu = \dfrac{f_0}{N} = \dfrac{4.9}{9.8} = 0.50$ **答 0.50**

類題 **19** 静止摩擦力

あらい水平面上に質量 $0.50\,\text{kg}$ の物体があり，水平方向に力の大きさ F 〔N〕で引く。引く力 F 〔N〕を徐々に大きくしていくと，$F = 2.9\,\text{N}$ を超えたときに物体はすべり始めた。重力加速度の大きさを $9.8\,\text{m/s}^2$ とする。

(1) 物体にはたらく重力の大きさを求めよ。

(2) 物体にはたらく垂直抗力の大きさを求めよ。

(3) 物体を引く力が $F = 1.5\,\text{N}$ のときの静止摩擦力の大きさを求めよ。

(4) 最大摩擦力の大きさを求めよ。

(5) 物体と床との間の静止摩擦係数を求めよ。

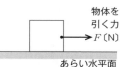

物体を
引く力
→ F〔N〕
あらい水平面

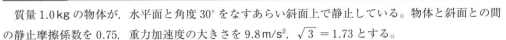

例題 **20** 斜面における静止摩擦力

質量 1.0 kg の物体が，水平面と角度 30° をなすあらい斜面上で静止している。物体と斜面との間の静止摩擦係数を 0.75，重力加速度の大きさを $9.8\,\text{m/s}^2$，$\sqrt{3} = 1.73$ とする。

(1) 物体にはたらく重力の斜面に垂直な成分と平行な成分の大きさをそれぞれ求めよ。

(2) 物体にはたらく垂直抗力の大きさを求めよ。

(3) 物体にはたらく静止摩擦力の大きさを求めよ。❶

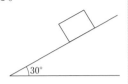

(解答)

(1) 垂直成分：8.5 N，平行成分：4.9 N

(2) 8.5 N　(3) 4.9 N

リード文check

❶—静止摩擦力の大きさは，力のつりあいで求める
（最大摩擦力 $f_0 = \mu N$ としないこと！）

■ 斜面における摩擦力の基本プロセス Process

プロセス 0

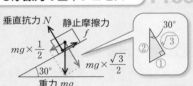

プロセス 1 重力を分解する

プロセス 2 摩擦力の向きを見抜く

プロセス 3 静止摩擦力の大きさは
力のつりあいで求める

解説

(1) **プロセス 1** 重力を分解する

物体の質量を m〔kg〕，重力加速度の大きさを g〔m/s²〕とすると，重力の大きさは mg〔N〕とかける。重力を角度 30° の斜面上で，斜面に垂直な方向と平行な方向に分解したときにできる直角三角形の辺の比は $1 : 2 : \sqrt{3}$ である。

右下図より，斜面に垂直な成分は

$$mg \times \frac{\sqrt{3}}{2} = 1.0 \times 9.8 \times \frac{1.73}{2}$$
$$= 8.477\,\text{〔N〕}$$

斜面に平行な成分は

$$mg \times \frac{1}{2} = 1.0 \times 9.8 \times \frac{1}{2}$$
$$= 4.9\,\text{〔N〕}$$

答 垂直成分：8.5 N
平行成分：4.9 N

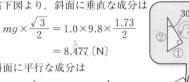

(2) 求める垂直抗力の大きさを N〔N〕とする。斜面に垂直な方向の力のつりあいより

$$N = mg \times \frac{\sqrt{3}}{2} \quad (=(1)\text{の垂直成分})$$
$$= 8.5\,\text{〔N〕} \quad \text{答 8.5 N}$$

(3) **プロセス 2** 摩擦力の向きを見抜く

物体は斜面をすべり下りないので，静止摩擦力の向きは，斜面に沿って上向きである。

プロセス 3 静止摩擦力の大きさは
力のつりあいで求める

求める静止摩擦力の大きさを f〔N〕とする。斜面に平行な方向の力のつりあいより

$$f = mg \times \frac{1}{2} \quad (=(1)\text{の平行成分})$$
$$= 4.9\,\text{〔N〕} \quad \text{答 4.9 N}$$

類題 20 斜面における動摩擦力

質量 1.0 kg の物体が，水平面と角度 60° をなすあらい斜面上をすべり下りている。物体と斜面との間の動摩擦係数を 0.20，重力加速度の大きさを $9.8\,\text{m/s}^2$，$\sqrt{3} = 1.73$ とする。

(1) 物体にはたらく重力の斜面に垂直な成分と平行な成分の大きさをそれぞれ求めよ。

(2) 物体にはたらく垂直抗力の大きさを求めよ。

(3) 物体にはたらく動摩擦力の大きさを求めよ。

56 ［摩擦力の向き］　以下の場合に物体にはたらく摩擦力を図示せよ。ただし，(3)，(4)の台の上面はあらいものとする。

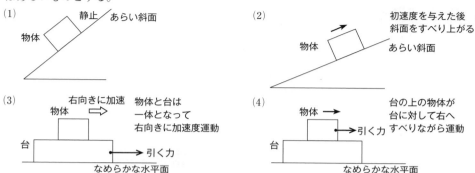

(1)　静止　あらい斜面　　物体

(2)　初速度を与えた後斜面をすべり上がる　あらい斜面　物体

(3)　右向きに加速　物体　物体と台は一体となって右向きに加速度運動　台　引く力　なめらかな水平面

(4)　物体　台の上の物体が台に対して右へすべりながら運動　引く力　台　なめらかな水平面

57 ［斜めに力を加えたときの摩擦力］　質量 5.0 kg の物体があらい水平面上に置かれている。この物体に水平面と 30° のなす角で，斜め上方に力を加えた。重力加速度の大きさを 9.8 m/s²，$\sqrt{3} = 1.73$ とする。

　加えた力の大きさが 20 N のとき，物体は静止していた。

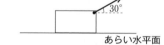

30°　あらい水平面

(1) 物体にはたらく静止摩擦力の大きさを求めよ。

(2) 物体が床から受ける垂直抗力の大きさを求めよ。

　加えた力の大きさが 30 N を超えたとき，物体がすべり始めた。

(3) 物体と床との間の静止摩擦係数を求めよ。

58 ［2物体の運動方程式］　あらい水平な面上に質量 M の物体 A がある。図のように，質量 m の物体 B と物体 A を，固定された滑車を通して軽い糸でつないだところ，物体 B は落下をはじめた。物体 A と水平な面との間の動摩擦係数を μ'，重力加速度の大きさを g とする。

M　物体A　糸　あらい水平な面　物体B　m

(1) 物体 A が受ける動摩擦力の大きさはいくらか。

(2) 物体 A が糸から受ける力の大きさはいくらか。

(3) 物体 A の加速度の大きさはいくらか。

59 ［2物体の運動方程式］　図のように，なめらかな水平面上に質量 M の物体 A を置き，その上に質量 m の物体 B をのせた。物体 B に軽い糸をつけ，右向きに一定の大きさの力 F を加えたところ，物体 A，B ともに右向きに動き出し，物体 B は，物体 A の上をすべり出した。物体 A と B との間の動摩擦係数を μ'，重力加速度の大きさを g とする。

物体B　m　F　物体A　M

(1) 物体 B が物体 A から受ける動摩擦力の大きさはいくらか。

(2) 物体 A の加速度の大きさを a_1，B の加速度の大きさを a_2 として，A，B それぞれについて水平方向の運動方程式をたてよ。

(3) a_1 と a_2 はそれぞれいくらか。

▶10 液体や気体から受ける力 *pressure of fluid*

■ 中学までの復習 ■

圧力，気圧，水圧，Pa（パスカル），浮力

● 確認事項 ●

① 圧力

● 圧力 P〔Pa〕……単位面積あたり（1 m² あたり）面を垂直に押す力の大きさ

$$圧力 \quad P = \frac{F}{S} = \frac{（面を垂直に押す力の大きさ）}{（面積）}$$

面積 S
面を押す力 F

> ▶ ベストフィット
> ＜圧力の単位＞
> パスカル ニュートン毎平方メートル
> Pa ＝ N/m²

② 大気圧

● 大気圧 P_0〔Pa〕……物体が大気から受ける圧力

$$1 気圧 = 1 \, atm = 1.013 \times 10^5 \, Pa = 1013 \, hPa$$

> ▶ ベストフィット
> ヘクト
> h = 10²

③ 水圧

● 水圧 P〔Pa〕……水による圧力

$$水圧 \quad P = \rho hg = （水の密度）\times（水深）\times（重力加速度の大きさ）$$

← 大気圧を考慮しない場合

● 水圧の式の導出 ●

水深 h〔m〕の面をその上部にある水が押す力 F〔N〕は

$F = （質量）\times（重力加速度の大きさ）$

$= （密度）\times（体積）\times（重力加速度の大きさ）$

$= \rho \times hS \times g$

よって，水圧 P〔Pa〕は $\quad P = \dfrac{F}{S} = \dfrac{\rho hgS}{S} = \rho hg$

水の密度 ρ〔kg/m³〕
水深 h〔m〕
F〔N〕
面積 S〔m²〕

> 大気圧 P_0〔Pa〕を考慮する場合は
> $P = \rho hg + P_0$

● 水圧の特徴……①水深が深くなるほど水圧が大きくなる。

②同じ深さであれば，どの方向でも水圧の大きさは等しい。

④ 浮力

● 浮力 F〔N〕……水中にある物体が受ける鉛直上向きの力。

→水深による水圧の差によって生じる力。

> アルキメデスの原理
> $\left(浮力の大きさ\right) = \left(\begin{array}{c}押しのけられた水が\\受ける重力の大きさ\end{array}\right)$

$$浮力の大きさ \quad F = \rho Vg = （水の密度）\times\left(\begin{array}{c}押しのけられた\\水の体積\end{array}\right)\times\left(\begin{array}{c}重力加速度\\の大きさ\end{array}\right)$$

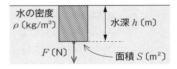
$F = \rho Vg$
水の密度 ρ
体積 V

● 浮力の式の導出 ●

$F = （下面を押し上げる力の大きさ）$

$\qquad -（上面を押し下げる力の大きさ）$

$= (P_0 + \rho h_2 g)S - (P_0 + \rho h_1 g)S$

$= \rho(h_2 - h_1)Sg$

$= \rho Vg$

水面
大気圧 P_0〔Pa〕
水の密度 ρ〔kg/m³〕
$(P_0 + \rho h_1 g)S$
h_1〔m〕
h_2〔m〕
$(P_0 + \rho h_2 g)S$
面積 S〔m²〕

例題 21 浮力

下面の面積が S の直方体が水面に浮かんでいる。直方体は水面より深さ h だけ沈んでいた。大気圧を P_0，水の密度を ρ，重力加速度の大きさを g とする。

(1) 直方体の上面を大気が押し下げる力の大きさを求めよ。

(2) 直方体の下面を水が押し上げる力の大きさを求めよ。 ❶

(3) 直方体にはたらく浮力の大きさを求めよ。

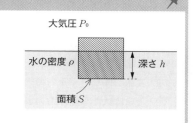
大気圧 P_0
水の密度 ρ
深さ h
面積 S

解答
(1) P_0S　(2) $(P_0+\rho hg)S$　(3) ρhSg

リード文check
❶─大気圧による力も考える

■ 浮力の基本プロセス 》Process

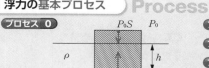

プロセス 0
P_0S　P_0
ρ
h
$P_0S+\rho gS$

プロセス 1 上面を押す力を求める
プロセス 2 下面を押す力を求める
プロセス 3 上面と下面を押す力の合力が浮力

解説

(1) **プロセス 1** **上面を押す力を求める**
　求める力の大きさを F_1 とすると
　　$F_1 = P_0S$　答 P_0S

(2) **プロセス 2** **下面を押す力を求める**
　求める力の大きさを F_2 とすると
　　$F_2 = (P_0+\rho hg)S$　答 $(P_0+\rho hg)S$

　　大気圧を忘れないように！

(3) **プロセス 3** **上面と下面を押す力の合力が浮力**
　直方体の上面を押し下げる力と下面を押し上げる力の合力が浮力である。

求める浮力の大きさを F とすると
　　$F = F_2-F_1$
　　　$= (P_0+\rho hg)S-P_0S$
　　　$= \rho hgS$
　　　$= \rho hSg$　答 ρhSg

押しのけた水の体積を V とすると　$F = \rho Vg$

側面から受ける力は打ち消しあう

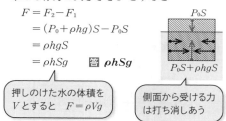
P_0S
$P_0S+\rho gS$

類題 21 浮力

一辺の長さが a の立方体の物体が水面に浮かんで静止している。物体は水面より深さ h $(0 < h < a)$ だけ沈んでいた。大気圧を P_0，水の密度を ρ，重力加速度の大きさを g とする。

(1) 物体の上面を大気が押し下げる力の大きさを求めよ。

(2) 物体の下面を水が押し上げる力の大きさを求めよ。

(3) 物体にはたらく浮力の大きさを求めよ。

(4) 物体の密度を ρ' としたとき，物体にはたらく重力を ρ', a, g を用いて表せ。

(5) 物体の密度 ρ' を a, h, ρ を用いて表せ。また，ρ' と ρ の大小関係を等号または不等号を用いて表せ。

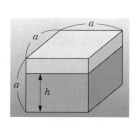
a
a
a
h

質量が $1.0\,\mathrm{kg}$，密度が $2.5\times10^3\,\mathrm{kg/m^3}$ のガラス球に軽い糸をつけて天井からつるし，ガラス球全体を水中に沈めた。水の密度を $1.0\times10^3\,\mathrm{kg/m^3}$，重力加速度の大きさを $9.8\,\mathrm{m/s^2}$ とする。

(1) ガラス球の**体積**を求めよ。❶

(2) ガラス球にはたらく重力の大きさを求めよ。

(3) ガラス球にはたらく浮力の大きさを求めよ。

(4) 糸がガラス球を引く張力の大きさを求めよ。

解答

(1) $4.0\times10^{-4}\,\mathrm{m^3}$　(2) $9.8\,\mathrm{N}$

(3) $3.9\,\mathrm{N}$　(4) $5.9\,\mathrm{N}$

リード文check

❶—（質量）＝（密度）×（体積）

■ 水中での力のつりあいの基本プロセス　Process

プロセス 0

浮力 ρVg　張力 T

重力 mg

プロセス 1 （質量）＝（密度）×（体積）を用いて，質量・体積を求める

プロセス 2 アルキメデスの原理を用いて，浮力を求める

プロセス 3 力のつりあいで，求めたい物理量を求める

解説

(1) **プロセス 1** （質量）＝（密度）×（体積）を用いて，質量・体積を求める

求める体積を $V\,[\mathrm{m^3}]$ とする。

$（体積）＝\dfrac{（質量）}{（密度）}$ の関係があるので

$$V=\frac{1.0}{2.5\times10^3}$$

$$=4.0\times10^{-4}\,[\mathrm{m^3}]\quad \text{答}\ 4.0\times10^{-4}\,\mathrm{m^3}$$

(2) 求める重力の大きさを $mg\,[\mathrm{N}]$ とする。

$$mg=1.0\times9.8$$

$$=9.8\,[\mathrm{N}]\quad \text{答}\ 9.8\,\mathrm{N}$$

(3) **プロセス 2** アルキメデスの原理を用いて，浮力を求める

求める浮力の大きさを $F\,[\mathrm{N}]$ とする。

アルキメデスの原理より，ガラス球が押しのけた水の重力の大きさと浮力の大きさは等しいので，「$F=\rho Vg$」より

$$F=(1.0\times10^3)\times(4.0\times10^{-4})\times9.8$$

$$=3.92$$

$$\fallingdotseq 3.9\,[\mathrm{N}]\quad \text{答}\ 3.9\,\mathrm{N}$$

(4) **プロセス 3** 力のつりあいで，求めたい物理量を求める

求める張力の大きさを $T\,[\mathrm{N}]$ とする。ガラス球にはたらく力のつりあいの式より

$$T+F=mg$$

$$T=9.8-3.92$$

$$=5.88$$

$$\fallingdotseq 5.9\,[\mathrm{N}]\quad \text{答}\ 5.9\,\mathrm{N}$$

類題 22 水中での力のつりあい

質量が $m\,[\mathrm{kg}]$，体積が $V\,[\mathrm{m^3}]$ の物体に軽い糸をつけて天井からつるし，物体全体を水中に沈めた。水の密度を $\rho\,[\mathrm{kg/m^3}]$，重力加速度の大きさを $g\,[\mathrm{m/s^2}]$ とする。

(1) 物体の密度を求めよ。

(2) 物体にはたらく重力の大きさを求めよ。

(3) 物体にはたらく浮力の大きさを求めよ。

(4) 糸が物体を引く張力の大きさを求めよ。

練習問題

60 ［指数，単位の計算］ A 次の計算をせよ。

数トレ (1) $10^2 \times 10^3 \times 10^4$　(2) $10^5 \times 10^{-3}$　(3) $(2.0 \times 10^3) \times (3.0 \times 10^2)$　(4) $(1.0 \times 10^3) \times (5.0 \times 10^{-5})$

B 次の物理量を指定された単位で表せ。

(5) $1.0\,\mathrm{cm}$ 〔m〕　　(6) $1.0\,\mathrm{cm^2}$ 〔$\mathrm{m^2}$〕　　(7) $1.0\,\mathrm{cm^3}$ 〔$\mathrm{m^3}$〕　　(8) $1.0\,\mathrm{g}$ 〔kg〕

(9) $1.0\,\mathrm{g/cm^3}$ 〔$\mathrm{kg/m^3}$〕　(10) $1013\,\mathrm{hPa}$ 〔Pa〕　(11) $1\,\mathrm{atm}$ 〔Pa〕

61 ［圧力と密度］ 右図のような質量 $12\,\mathrm{kg}$ の直方体の物体がある。重力加速度の大きさを $9.8\,\mathrm{m/s^2}$，水の密度を $1.0 \times 10^3\,\mathrm{kg/m^3}$ とする。

(1) 物体の体積を求めよ。

(2) 物体の密度を求めよ。

(3) 物体を水の中で静かにはなすと，この物体は水に浮くか，それとも沈むか答えよ。

(4) 面 A を下にして水平な床の上に置いたとき，物体が床から受ける圧力を求めよ。

62 ［水圧と大気圧］ 水深 $10\,\mathrm{m}$ のプールの底における圧力を求めよ。ただし，大気圧を $1.0 \times 10^5\,\mathrm{Pa}$，水の密度を $1.0 \times 10^3\,\mathrm{kg/m^3}$，重力加速度の大きさを $9.8\,\mathrm{m/s^2}$ とする。

63 ［圧力］ 図のように，なめらかに動くことができる軽いピストン A と B がついた管の中に水を満たした。ピストン A の断面積はピストン B の断面積の 2 倍である。ピストン A に質量 $2.0\,\mathrm{kg}$ のおもりを置いたとき，ピストン B に何 kg のおもりを置けばつりあうか。

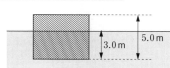

64 ［浮力］ 底面積が $100\,\mathrm{m^2}$，高さ $5.0\,\mathrm{m}$ の直方体の物体がある。この物体を水に浮かべたところ，水面から $3.0\,\mathrm{m}$ 沈んだところでつりあって静止した。ただし，水の密度を $1.0 \times 10^3\,\mathrm{kg/m^3}$，重力加速度の大きさを $10\,\mathrm{m/s^2}$ とする。

(1) 物体の体積を求めよ。

(2) 物体にはたらく浮力の大きさを求めよ。

(3) 物体の質量を求めよ。

65 ［水中での力のつりあい］ 図のように，密度が ρ'〔$\mathrm{kg/m^3}$〕，体積が V〔$\mathrm{m^3}$〕の物体に軽い糸をつけて水中に沈めてある。水の密度を ρ〔$\mathrm{kg/m^3}$〕，重力加速度の大きさを g〔$\mathrm{m/s^2}$〕とする。

(1) 物体にはたらく重力の大きさを求めよ。

(2) 物体にはたらく浮力の大きさを求めよ。

(3) 糸が物体を引く張力の大きさを求めよ。

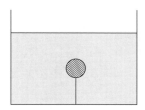

▶**11 仕事** *work*

仕事・仕事の原理・仕事率 —— 中学校で学んだこれらの用語を，高校でさらに深く再定義する

● **確認事項** ● 以下の空欄に適当な語句・数式を入れよ。

1 仕事

●**仕事の定義**……物体に一定の力 F〔N〕を加えて，その力の向きに x〔m〕動かしたとき，その力が物体に $W = Fx$〔J〕の仕事をしたという。

$$W = Fx$$
$$(仕事〔J〕) = (力〔N〕) \times (距離〔m〕)$$

(1) 力の向きと動く向きが同じ場合

正の仕事をする

$W = Fx \quad > 0 \quad (\leftarrow 正の仕事)$

(2) 力の向きと動く向きが（　①　）の場合 （例：動摩擦力がする仕事）

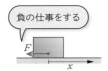
負の仕事をする

力は，物体の移動を邪魔している。この場合，力がした仕事は「負の仕事」とよばれ，負の値となる。

$W = -Fx \quad < 0 \quad (\leftarrow 負の仕事)$

(3) 力の向きと動く向きが（　②　）の場合 （例：垂直抗力がする仕事）

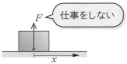
仕事をしない

力は物体の移動の役に立っていないし，邪魔もしていない。この場合，力は仕事をしていない。

$W = 0 \quad (\leftarrow 仕事をしていない)$

(4) 力の向きと動く向きが斜めの場合

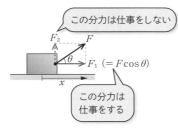
この分力は仕事をしない
$F_1 (= F\cos\theta)$
この分力は仕事をする

力を，動く方向とそれに垂直な方向に分解して考える。動く方向の分力がする仕事は(1)または(2)，垂直な方向の分力がする仕事は(3)となる。

▶ **ベストフィット**

力の向きと動く向きが「斜め」の場合の仕事 ⇒ 力を，動く方向とそれに垂直な方向に分解して考える。
力 F がする仕事 $W = Fx\cos\theta$

ex 力がいくらはたらいていても，力の向きと物体の動く向きが垂直な場合や，まったく動かない場合（移動距離 $x = 0$）は，力は（　③　）をしない。

ⓐ 張力 T
ⓑ 垂直抗力 N
ⓒ 物体を押す力 F　物体は動かない

＜仕事が0となる例＞
ⓐ張力 T と動く向きが垂直
ⓑ垂直抗力 N と動く向きが垂直
ⓒ物体はまったく動かない

（解答）　① 逆　② 垂直　③ 仕事

2 仕事の原理

● 仕事の原理……てこや斜面，動滑車などの道具を使って，必要な力を小さくできても，その分移動距離が（　　）くなるので，必要な仕事
④
の量は変わらない。これを仕事の原理という。

（注）実際には，摩擦などの影響で，道具を使った方がより多くの仕事が必要になる。

まともに
100 N

力は半分
の 50 N

ex 物体を高さ h までゆっくりと引き上げたときの仕事

(1) 直接引き上げた場合

$F = mg$

必要な力 F は，物体にはたらく重力 mg に等しく，移動距離は h である。よって，必要な仕事 W は

$$W = mg \times h = mgh$$

(2) 斜面を用いて引き上げた場合

移動距離 $2h$　$\frac{1}{2}mg$

重力 mg

$F' = \frac{1}{2}mg$　30°

必要な力 F' は，物体にはたらく重力 mg の斜面方向の分力 $\frac{1}{2}mg$ に等しい。移動距離は（　　）
⑤
となる。よって，必要な仕事 W' は

$$W' = \frac{1}{2}mg \times 2h = mgh$$

$$W = W'$$

3 仕事率

● 仕事率……単位時間（1秒間）あたりの（　　）のこと。
⑥
仕事の能率を表し，単位は $\overset{\text{ワット}}{\text{W}}$ を用いる。

早くするほど能率が高い（仕事率大）

$$P = \frac{W}{t}$$

$$(仕事率〔\text{W}〕) = \frac{(仕事〔\text{J}〕)}{(時間〔\text{s}〕)}$$

ex 一定の速さで動いている場合の仕事率

一定の力 F を加えて，抵抗力に逆らって一定の速さ v で動かすとき，力 F の仕事率 P を求めてみよう。時間 t で距離 x だけ移動し，この間に力 F がした仕事を W とおくと，

$$P = \frac{W}{t} = \frac{Fx}{t} = Fv \quad \left(\leftarrow v = \frac{x}{t} \text{ より} \right)$$

よって　$P = Fv$　速く動かす方が能率が高い！

（注）v が時間とともに変化する場合でも，Fv は「瞬間の仕事率」と考えることができる。

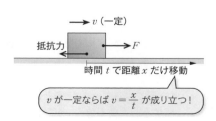

v（一定）

抵抗力　F

時間 t で距離 x だけ移動

v が一定ならば $v = \frac{x}{t}$ が成り立つ！

解答　④ 長　⑤ $2h$　⑥ 仕事

例題 23 仕事

図のように，あらい水平面上に置かれた物体を，力を加えながら水平方向に 3.0 m 移動させた。$\sqrt{3} = 1.73$ とする。

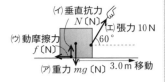

(1) 右図の(ア)〜(ウ)の各力が物体にした仕事は，「正の仕事」か，「負の仕事❶」か，「仕事をしていない❷」か，いずれかで答えよ。❸

(2) (エ)の張力を物体の移動方向とその垂直方向に分解したとき，分力の大きさはそれぞれ何 N か。

(3) (エ)の張力が物体にした仕事は何 J か。符号を含めて示せ。

解答

(1) (ア)：「仕事をしていない」　(2) 移動方向：5.0 N
　　(イ)：「仕事をしていない」　　　垂直方向：8.7 N
　　(ウ)：「負の仕事」　　(3) ＋15 J

リード文check

❶─力の向きと動く向きが同じ
❷─力の向きと動く向きが逆
❸─力の向きと動く向きが垂直

■ 仕事を求める基本プロセス ▶Process

プロセス 1　どの力がする仕事を考えているのかはっきりさせる

プロセス 2　物体の運動方向と力の向きが斜めの場合，力を物体の運動方向と垂直な方向に分解する

プロセス 3　「$W = Fx$」を用いる（力の向きと動く向きが逆の場合は，マイナスの符号をつける）

解説

(1) **プロセス 1**　どの力がする仕事を考えているのかはっきりさせる

　(ア)重力 mg …力の向きと動く向きが垂直。
　　よって　答 (ア)：「仕事をしていない」

　(イ)垂直抗力 N …力の向きと動く向きが垂直。
　　よって　答 (イ)：「仕事をしていない」

　(ウ)動摩擦力 f …力の向きと動く向きが逆。
　　よって　答 (ウ)：「負の仕事」

(2) ❶ (エ)の張力がした仕事を考える。

　プロセス 2　力を分解する

　右図のように，移動方向と垂直方向の分力をそれぞれ f_1，f_2〔N〕とおく。三角形の辺の長さの比に着目して，

$$\begin{cases} f_1 = 10 \times \dfrac{1}{2} = 5.0 \ \text{〔N〕} \\ f_2 = 10 \times \dfrac{\sqrt{3}}{2} = 5\sqrt{3} \fallingdotseq 5 \times 1.73 = 8.65 \ \text{〔N〕} \end{cases}$$

答 移動方向：5.0 N，垂直方向：8.7 N

(3) **プロセス 3**　「$W = Fx$」を用いる

　分力 f_1 がした仕事 W_1〔J〕は，力の向きと動く向きが同じだから，正の仕事である。よって
　　$W_1 = 5.0 \ \text{N} \times 3.0 \ \text{m} = +15 \ \text{J}$

　分力 f_2 がした仕事 W_2〔J〕は，力の向きと動く向きが垂直なので，仕事をしていない。よって
　　$W_2 = 0 \ \text{J}$

　以上より，張力がした仕事は
　　$W_1 + W_2 = 15 + 0 = +15 \ \text{〔J〕}$　　答 ＋15 J

類題 23 仕事

あらい水平面上に置かれた物体に，人が 90 N の「押す力」を加えて，4.0 m 動かした。このとき，物体にはたらく動摩擦力は 80 N，垂直抗力は N〔N〕，重力は mg〔N〕であったとする。

(1) 物体にはたらく 4 つの力，「押す力」，「動摩擦力」，「垂直抗力」，「重力」について考える。①正の仕事をしている力，②負の仕事をしている力，③仕事をしていない力をそれぞれ答えよ。

(2) 「押す力」，「動摩擦力」が物体にした仕事はそれぞれいくらか。

(3) 物体が 4 つの力からされた仕事の合計はいくらか。

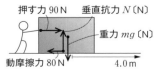

ひもを通した定滑車または動滑車を用いて，質量 m〔kg〕の物体をゆっくりと h〔m〕引き上げたときの仕事について考える。ただし，滑車とひもの質量や摩擦は無視でき，重力加速度の大きさを g〔m/s²〕とする。

定滑車　　　動滑車

・定滑車を用いた場合

(1) 物体を引き上げるのに必要な力 f_1〔N〕がした仕事 W_1〔J〕を求めよ。

・動滑車を用いた場合

(2) 物体を引き上げるのに必要な力 f_2〔N〕を求めよ。

(3) 物体を h〔m〕引き上げるのに必要なひもを引く長さ x〔m〕を求めよ。

(4) このときの力 f_2 がした仕事 W_2〔J〕を求めよ。ただし，f_2，x を用いずに表せ。

解答

(1) mgh〔J〕　(2) $f_2 = \dfrac{1}{2}mg$〔N〕

(3) $x = 2h$〔m〕　(4) $W_2 = mgh$〔J〕

リード文check

❶ー「力のつりあいを保ちながら」と考える

❷ー力のつりあいを保つ力

❸ー力の作用点が移動した距離

■ **動滑車の基本プロセス** Process

プロセス 1 動滑車と物体を "1 つのもの" と考える

プロセス 2 力のつりあいを考えて，ひもの張力を求める

プロセス 3 図をかき，ひもを引く長さを求める

解説

(1) 定滑車で引き上げるときは，$f_1 = mg$〔N〕の力で h〔m〕引かなければならないので，

$$W_1 = f_1 \times h$$
$$= mgh \text{〔J〕} \quad \text{答} \ \boldsymbol{mgh} \text{〔J〕}$$

(2) **プロセス 1** 動滑車と物体を "1 つ" と考える

プロセス 2 力のつりあいを考える

ひもの張力を T〔N〕とおく。

力のつりあいより，

$$2T = mg$$
$$T = \frac{1}{2}mg \text{〔N〕}$$

ひもの張力はどこでも同じと考えて

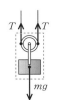

よいので，力 f_2 は張力 $T = \dfrac{1}{2}mg$〔N〕と等しい。

答 $\boldsymbol{f_2 = \dfrac{1}{2}mg}$ **〔N〕** ◀ 引く力は重力の半分！

(3) **プロセス 3** 図をかき，ひもを引く長さを求める

右図より，動滑車が h〔m〕だけ上がった場合，赤い部分のひもの長さ $h + h = 2h$〔m〕だけ余分となる。

答 $\boldsymbol{x = 2h}$ **〔m〕**

引く長さは，物体の移動距離の 2 倍！

(4) $W_2 = f_2 \times x$

$$= \frac{1}{2}mg \times 2h$$
$$= mgh \text{〔J〕} \quad \text{答} \ \boldsymbol{W_2 = mgh} \text{〔J〕}$$

類題 24 滑車における仕事の原理

右図のように定滑車と動滑車にひもを通して，荷物をゆっくり引き上げた。それぞれの滑車とひもの質量や摩擦は無視してよい。

(1) ひもを引く力は，荷物を直接持ち上げるのに必要な力の何倍か。

(2) ひもを引く長さは，荷物が上がる高さの何倍か。

(3) 道具を使っても，必要な仕事の量は変わらないことを何というか。

力

荷物

66 [仕事] 図に示すように，物体が一定の力を受けて，点Aから点Bへ移動するとき，図に示した力が物体にする仕事はいくらか。$\sqrt{3} = 1.7$ とする。

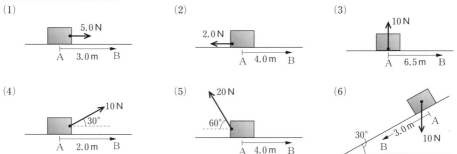

(1)　5.0N　A　3.0m　B

(2)　2.0N　A　4.0m　B

(3)　10N　A　6.5m　B

(4)　10N　30°　A　2.0m　B

(5)　20N　60°　A　4.0m　B

(6)　30°　3.0m　A　10N　B

67 [仕事] 質量1.0kgのレンガを，手でゆっくりと0.50m持ち上げた。重力加速度の大きさを $10\,\mathrm{m/s^2}$ とする。

0.50m　レンガ 1.0kg

(1) 手がレンガに及ぼす力がした仕事はいくらか。

(2) 重力がレンガにした仕事はいくらか。

68 [仕事] なめらかな水平面上に重さ5.0Nの物体を置き，図のように4.0Nの力を加えながら，水平方向に10m移動させた。$\sqrt{3} = 1.73$ とする。

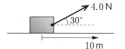

4.0N　30°　10m

(1) 人が加えた力が物体にした仕事はいくらか。

(2) 重力が物体にした仕事はいくらか。

(3) 面が物体に及ぼす力（垂直抗力）がした仕事はいくらか。

(4) 物体がされた仕事の合計はいくらか。

(5) 物体の重さを2倍にし，同様に4.0Nの力を加えて，水平方向に10m移動させたとき，物体がされた仕事の合計は(4)の何倍になるか。

69 [仕事] 右図のように，水平面と30°の角をなすなめらかな斜面に沿って，質量10kgの物体をゆっくりと10m引き上げる。重力加速度の大きさを $10\,\mathrm{m/s^2}$ とする。

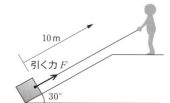

10m　引く力F　30°

(1) 物体を引く力 F〔N〕はいくらか。

(2) 物体を引く力 F〔N〕がした仕事 W_1〔J〕はいくらか。

(3) 斜面が物体に及ぼす力（垂直抗力）がした仕事 W_2〔J〕はいくらか。

(4) 重力が物体にした仕事 W_3〔J〕はいくらか。

70 ［仕事率］　次のそれぞれの場合について，仕事率を考える。

(1) リフトが荷物に 600 N の力を加え，3.0 秒かけて 2.0 m の高さに持ち上げたとき，この力がした仕事率はいくらか。

(2) 水平なあらい床の上で，物体にひもをつけて 30 N の力で水平に引っぱった。物体が一定の速さ 1.5 m/s で動いた場合，この力がした仕事率はいくらか。

71 ［仕事と仕事率］　質量 2.0 kg の荷物にひもをつけて，一定の速さ 1.5 m/s で，10 m の高さまで引き上げた。重力加速度の大きさを 10 m/s² とする。

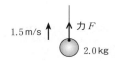

(1) 引き上げるために加えた力 F 〔N〕はいくらか。

(2) この力がした仕事 W 〔J〕はいくらか。

(3) この力がした仕事率 P 〔W〕はいくらか。

72 ［摩擦のある水平面での仕事と仕事率］　図のように，あらい水平面上で，質量 4.0 kg の物体を一定の速さ 4.0 m/s で引っぱっている。引っぱる力 F 〔N〕は，水平面に平行とする。動摩擦係数を 0.20，AB 間の距離を 10 m，重力加速度の大きさを 10 m/s² とする。

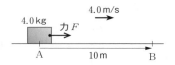

(1) 引っぱる力 F はいくらか。

(2) 物体を A から B まで移動させたときに，引っぱる力 F がした仕事はいくらか。

(3) 物体を A から B まで移動させたときに，引っぱる力 F がした仕事率はいくらか。

73 ［斜面における仕事の原理］　右図のような高さ 3.0 m，斜面の長さが 5.0 m のなめらかな斜面がある。質量 10 kg の物体を高さ 3.0 m まで直接ゆっくり引き上げる場合と，斜面を用いてゆっくり引き上げる場合を考える。重力加速度の大きさを 10 m/s² とする。

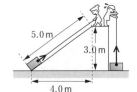

・直接ゆっくり引き上げる場合

(1) 物体を引き上げるために必要な力 f_1 〔N〕はいくらか。

(2) このとき，力 f_1 がした仕事 W_1 〔J〕はいくらか。

・斜面を用いてゆっくり引き上げる場合

(3) 物体を引き上げるために必要な力 f_2 〔N〕はいくらか。

(4) このとき，力 f_2 がした仕事 W_2 〔J〕はいくらか。

(5) W_1 と W_2 の関係を式で表せ。

(6) (5)のような関係が成り立つことを何というか。

▶12 仕事とエネルギー *work and energy*

■ 中学までの復習 ■

・エネルギー……ほかの物体に仕事をする能力
・運動エネルギー……運動している物体がもっているエネルギー
・位置エネルギー……高いところにある物体がもっているエネルギー

> 高校では，
> 「弾性力による位置エネルギー」
> というものも出てくる

● 確認事項 ● 以下の空欄に適当な語句・数値・数式を入れよ。

1 エネルギー

●エネルギー……ほかの物体に（　　①　　）をする能力。

> エネルギーの大きさは
> 数値で表すことができる

エネルギーの単位は，仕事と同じ〔J〕を用いる。

ex 物体 A が物体 B に 50 J の仕事をする能力があるとき，物体 A は（　②　）J のエネルギーをもつ。

2 運動エネルギー

●運動エネルギー……運動している物体がもつエネルギー。運動をしている物体はほかの物体に（　③　）をすることができる。

$$K = \frac{1}{2}mv^2$$

$$(\text{運動エネルギー〔J〕}) = \frac{1}{2} \times (\text{質量〔kg〕}) \times (\text{速さ〔m/s〕})^2$$

ex.1 質量の等しい物体 A と物体 B が運動をしている。物体 A の方が B より速いとき，運動エネルギーは，物体（　④　）の方が大きい。

ex.2 物体 A と物体 B が同じ速さで運動をしている。物体 A の方が B より質量が大きいとき，運動エネルギーは，物体 A の方が（　⑤　）い。

●運動エネルギーと仕事の関係……物体が仕事をされると，その仕事の分だけ物体の運動エネルギーは変化する。質量 m〔kg〕の物体がはじめ速さ v_0〔m/s〕で運動していたとする。この物体が W〔J〕の仕事をされ，速さが v〔m/s〕となったとすると，次の関係式が成り立つ。

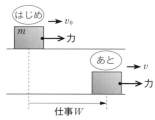

$$\underset{\text{あと}}{\frac{1}{2}mv^2} - \underset{\text{はじめ}}{\frac{1}{2}mv_0{}^2} = W$$

> 変化量
> ＝（あと）－（はじめ）

運動エネルギーの変化量　　された仕事

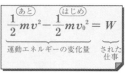

▶ ベストフィット

された仕事が正 ⇨ 運動エネルギーは増加
された仕事が負 ⇨ 運動エネルギーは減少

ex.3 はじめに 50 J の運動エネルギーをもっていた台車に力を加えて仕事をすると，台車の運動エネルギーが 120 J になった。このとき，加えた力がした仕事（加えた力によって物体がされた仕事）は，（　⑥　）J である。

▶ ベストフィット

仕事の求め方は，おもに 2 通りある。
①「仕事の定義（力×距離）」より，直接的に求める
②「運動エネルギーと仕事の関係」より，間接的に求める

解答 ① 仕事　② 50　③ 仕事　④ A　⑤ 大き　⑥ 70

3 位置エネルギー

● **重力による位置エネルギー**……高い位置にある物体がもつエネルギー。

中学で学んだ「位置エネルギー」と同じ

高い位置にある物体は，重力を受けて落下し，ほかの物体に（　　　　　）をすることができる。
⑦

$$U = mgh$$

$$\binom{重力による}{位置エネルギー〔J〕} = (質量〔kg〕) \times \binom{重力加速度}{の大きさ〔m/s^2〕} \times \binom{基準面から}{の高さ〔m〕}$$

負の値も
ありうる

ex.1 50 J の重力による位置エネルギーをもった物体 A は，落下して基準面に達したとき，基準面にある物体 B に（　　　　）J の仕事をする能力をもっている。
⑧

ex.2 物体 A と物体 B が同じ高さ（基準面より上）にある。物体 A の方が物体 B より質量が大きいとき，重力による位置エネルギーは，物体 A の方が（　　　　　）い。
⑨

> ▶ **ベストフィット**

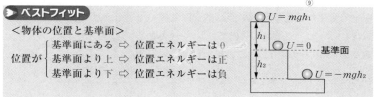

＜物体の位置と基準面＞

位置が｜基準面にある ⇨ 位置エネルギーは 0
　　　｜基準面より上 ⇨ 位置エネルギーは正
　　　｜基準面より下 ⇨ 位置エネルギーは負

● **弾性力による位置エネルギー（弾性エネルギー）**……変形したばねにつけられた物体がもつエネルギー。変形したばねにつけられた物体は，ばねが自然長に戻るときに，ほかの物体に（　　　　　）をすることができる。
⑩

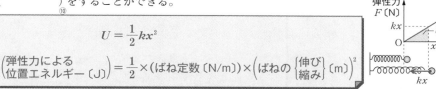

$$U = \frac{1}{2}kx^2$$

$$\binom{弾性力による}{位置エネルギー〔J〕} = \frac{1}{2} \times (ばね定数〔N/m〕) \times \left(ばねの\begin{Bmatrix}伸び\\縮み\end{Bmatrix}〔m〕\right)^2$$

ex.3 変形したばねにつけられた物体 A が，70 J の弾性力による位置エネルギーをもっている。ばねが自然長の位置に戻ったとき，物体 A はこの位置にある物体 B に（　　　　）J の仕事をする能力がある。
⑪

4 保存力と位置エネルギー

● **保存力**……経路に関係なく，始点と終点の位置だけで仕事が求まる力

（例）重力，弾性力

摩擦力や垂直抗力などは
保存力ではない！（非保存力）

保存力は
位置エネルギーを定義
できる力

● **位置エネルギーの定義**

……「物体が点 P から基準点まで動いたときに，保存力がした仕事」を点 P における物体の位置エネルギーという。（「物体を基準点から点 P までゆっくり運んだときに，外力がした仕事の分だけ，位置エネルギーとして蓄えられる」と考えてもよい。）

ex 基準面からの高さが h〔m〕の点 A に物体がある。この物体にはたらく重力が mg〔N〕ならば，物体が点 A から基準面まで落下するときに重力がする仕事は（　　　　　）〔J〕なので，点 A における物体の重力による位置エネルギーは（　　　　　）〔J〕である。
⑫　　　　　　　　　　　　　　　　　　　　　　　　　⑬

（**解答**）　⑦ 仕事　⑧ 50　⑨ 大き　⑩ 仕事　⑪ 70　⑫ mgh　⑬ mgh

例題 25 運動エネルギーと仕事の関係

あらい水平面上で，質量 m の物体を点 A から初速度 v_0 で右向きにすべらせたところ，しばらく
動いて点 B で止まった。動摩擦係数を μ'，重力加速度の大きさを g とする。
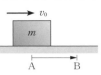

(1) 点 A，B における物体の運動エネルギーはそれぞれいくらか。

(2) 点 AB 間で，動摩擦力がした仕事 W を求めよ。

(3) 動摩擦力の大きさ f はいくらか。また，AB 間の長さ x を求めよ。

解答

(1) 点 A：$\dfrac{1}{2}mv_0^2$，点 B：0

(2) $W = -\dfrac{1}{2}mv_0^2$ (3) $f = \mu'mg$，$x = \dfrac{v_0^2}{2\mu'g}$

リード文check

❶—「あらい」⇒ 摩擦あり

❷—「運動エネルギーと仕事の関係」より，動摩擦力が
した仕事の分だけ，運動エネルギーは変化する

■ 運動エネルギーの変化から仕事を求める基本プロセス **Process**

プロセス 1 ＜はじめ＞ と ＜あと＞ の運動エネルギーを求める

プロセス 2 運動エネルギーの変化量を求める

プロセス 3 「$\dfrac{1}{2}mv^2 - \dfrac{1}{2}mv_0^2 = W$」を用いる。

> 物体がされた仕事の量は，
> 運動エネルギーの変化量に等しい

解説

(1) **プロセス 1** ＜はじめ＞ と ＜あと＞ の運動エネ
ルギーを求める

点 A，B における物体のもつ運動エネルギーを
それぞれ K_A，K_B とする。「$K = \dfrac{1}{2}mv^2$」より

点 A では速さ v_0 だから $K_A = \dfrac{1}{2}mv_0^2$

点 B では速さ 0 だから $K_B = 0$

答 点 A：$\dfrac{1}{2}mv_0^2$，点 B：0

(2) **プロセス 2** 運動エネルギーの変化量を求める

運動エネルギーの変化量を ΔK とすると，

$\underset{\text{(変化量)}}{\Delta K} = \underset{\text{(あと)}}{K_B} - \underset{\text{(はじめ)}}{K_A}$

$= 0 - \dfrac{1}{2}mv_0^2 = -\dfrac{1}{2}mv_0^2$

プロセス 3 「$\dfrac{1}{2}mv^2 - \dfrac{1}{2}mv_0^2 = W$」を用いる

「運動エネルギーと仕事の関係」より，

$\underset{\substack{\text{運動エネルギー} \\ \text{の変化量}}}{\Delta K} = \underset{\substack{\text{動摩擦力が} \\ \text{した仕事}}}{W}$

> 動摩擦力がする仕事は負！

よって $-\dfrac{1}{2}mv_0^2 = W$ **答** $W = -\dfrac{1}{2}mv_0^2$

(3) 垂直抗力を N と
すると，鉛直方向の
力のつりあいより，

$N = mg$

よって $f = \mu'N = \mu'mg$

答 $f = \mu'mg$

また，仕事の定義より，

$\underset{\substack{\text{動摩擦力が} \\ \text{した仕事}}}{-\dfrac{1}{2}mv_0^2} = \underset{\substack{\text{動摩擦力} \\ \text{の大きさ}}}{-\mu'mg} \times \underset{\substack{\text{移動距離}}}{x}$

> 力の向きと動く
> 向きが逆なの
> でマイナスをつ
> ける

よって $x = \dfrac{v_0^2}{2\mu'g}$ **答** $x = \dfrac{v_0^2}{2\mu'g}$

類題 25 運動エネルギーと仕事の関係

図のように，なめらかな水平面上を運動している質量 2.0 kg の物体がある。点 A では速さ
5.0 m/s であった物体に，点 A から一定の大きさの力 F〔N〕を加え続けたところ，8.0 m 離れた点
B では速さ 7.0 m/s になった。
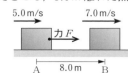

(1) 点 A，B における物体の運動エネルギーはそれぞれいくらか。

(2) 点 AB 間での運動エネルギーの変化量はいくらか。

(3) 力 F が物体にした仕事はいくらか。また，力 F の大きさを求めよ。

右図のように，ばね定数 k の軽いばねに，質量 m のおもりをつるすと，x 伸びて静止した。重力加速度の大きさを g とし，自然の長さ❶での位置を重力による位置エネルギーの基準点とする。

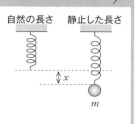

自然の長さ　静止した長さ

(1) ばねの伸び x を求めよ。

(2) おもりの重力による位置エネルギー U_1 を m, g, k を用いて表せ。
❷

(3) ばねに蓄えられた弾性エネルギー U_2 を m, g, k を用いて表せ。
❷

解答

(1) $x = \dfrac{mg}{k}$　(2) $U_1 = -\dfrac{(mg)^2}{k}$　(3) $U_2 = \dfrac{(mg)^2}{2k}$

リード文check

❶—「静止」⇒ 力がつりあっている状態

❷—x は使えない！

2章
エネルギー

■ 重力による位置エネルギーと弾性エネルギーの基本プロセス　**Process**

プロセス 0

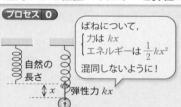

ばねについて，
$\begin{cases} \text{力は } kx \\ \text{エネルギーは } \dfrac{1}{2}kx^2 \end{cases}$
混同しないように！

自然の長さ

弾性力 kx

重力 mg

プロセス 1 力のつりあいの式をたてて，伸び x を求める

プロセス 2 「$U = mgh$」より，重力による位置エネルギーを求める

プロセス 3 「$U = \dfrac{1}{2}kx^2$」より，弾性エネルギーを求める

解説

(1) **プロセス 1** 力のつりあいの式をたてて，伸び x を求める

　おもりに着目して力のつりあいの式をたてる。おもりが受ける力は，重力 mg と弾性力 kx の2つだから，力のつりあいより

$$mg = kx$$

$$x = \frac{mg}{k} \quad \cdots ①　\text{答 } x = \frac{mg}{k}$$

(2) **プロセス 2** 「$U = mgh$」より，重力による位置エネルギーを求める

　静止している位置は基準点より低いので，重力による位置エネルギーは負になることに注意して，「$U = mgh$」より

$$U_1 = -mgx$$
$$= -mg \times \frac{mg}{k} \quad (\leftarrow ①を代入)$$
$$= -\frac{(mg)^2}{k} \quad \text{答 } U_1 = -\frac{(mg)^2}{k}$$

(3) **プロセス 3** 「$U = \dfrac{1}{2}kx^2$」より，弾性エネルギーを求める

　ばねの伸びは x だから，「$U = \dfrac{1}{2}kx^2$」より

$$U_2 = \frac{1}{2}kx^2$$
$$= \frac{1}{2}k \times \left(\frac{mg}{k}\right)^2 \quad (\leftarrow ①を代入)$$
$$= \frac{(mg)^2}{2k} \quad \text{答 } U_2 = \frac{(mg)^2}{2k}$$

類題 26 重力による位置エネルギーと弾性エネルギー

[例題 26] について，次の問いに答えよ。

(1) ばねが自然の長さから x 伸びるまでの，おもりの重力による位置エネルギーの変化量はいくらか。またこのとき，重力による位置エネルギーは増加するか減少するか。

(2) 重力による位置エネルギーの基準点を，静止した位置に変更して，(1)に答えよ。

(3) (1)において，弾性エネルギーの変化量はいくらか。またこのとき，弾性エネルギーは増加するか減少するか。

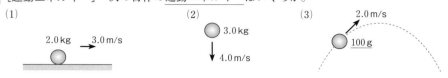

74 ［運動エネルギー］　次の物体の運動エネルギーはいくらか。

(1)

2.0 kg　→ 3.0 m/s

(2)

● 3.0 kg

↓ 4.0 m/s

(3)

↗ 2.0 m/s

100 g

75 ［運動エネルギーと仕事の関係］　なめらかな水平面上にある物体について，次の問いに答えよ。

(1) 運動エネルギーが 36 J の物体に，力を加えたところ，運動エネルギーが 60 J になった。力がした仕事はいくらか。

(2) 運動エネルギーが 35 J の物体に，15 J の仕事をした。物体の運動エネルギーはいくらになるか。

(3) 運動エネルギーが 50 J の物体に，力を加えたところ，運動エネルギーが 20 J になった。力がした仕事はいくらか。

(4) 運動エネルギーが 14 J の物体に，力を加えたところ静止した。力がした仕事はいくらか。

はじめ　　　あと

76 ［運動エネルギーと仕事の関係］　なめらかな水平面上にある物体について，次の問いに答えよ。

(1) 速さ 4.0 m/s で運動する質量 2.0 kg の物体に，9.0 J の仕事をした。仕事をした後の速さ v〔m/s〕はいくらか。

(2) 速さ v_0〔m/s〕で運動する質量 2.0 kg の物体に，-16 J の仕事をしたところ，速さは 3.0 m/s になった。v_0 はいくらか。

はじめ　　　あと

77 ［重力による位置エネルギー］　右図の各点 A〜C における，物体の重力による位置エネルギーはいくらか。水面を基準面とし，重力加速度の大きさを 9.8 m/s^2 とする。

A ● 2.0 kg

10 m

B ● 2.0 kg　水面

5.0 m

C ● 2.0 kg

78 ［重力による位置エネルギー］　図のように，質量 0.20 kg のおもりがついた振り子がある。各点 A〜C における，おもりがもつ重力による位置エネルギーはいくらか。点 C を基準面とし，重力加速度の大きさを 9.8 m/s^2 とする。

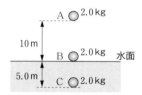

5.0 m　0.20 kg
30°　A
60°
B
C

79 ［弾性力による位置エネルギー（弾性エネルギー）］　ばね定数 20 N/m のばねを自然長から 0.30 m 伸ばしたとき，弾性力による位置エネルギー（弾性エネルギー）U〔J〕はいくらか。

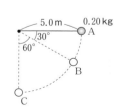

自然長

0.30 m

80 [運動エネルギーと仕事の関係]　摩擦のある路面上を質量 m〔kg〕の自転車が速さ v_0〔m/s〕で走っていた。その後，急ブレーキをかけたところ，x〔m〕すべって止まった。

(1) 自転車が急ブレーキをかけてから止まるまでに，自転車が路面から受けた摩擦力によってされた仕事 W〔J〕を求めよ。

(2) 急ブレーキをかけている間に，自転車が路面から受けた摩擦力の大きさはいくらか。

81 [位置エネルギーの定義]　小球を点 O からゆっくりと手で持ち上げる場合を考える。点 O から点 A まで持ち上げたときに手が小球にした仕事は 45 J であった。また，点 B における重力による位置エネルギーは 80 J であった。位置エネルギーの基準は点 O とする。

(1) 点 A における重力による位置エネルギーはいくらか。

(2) 点 A から点 B まで持ち上げたときに手がした仕事はいくらか。

(3) 点 B から小球をはなして落下させた。小球が点 B から点 O に達するまでに，重力が小球にした仕事はいくらか。

82 [位置エネルギーの定義]　ばねにとりつけられた小球を，自然長の位置（点 O）からゆっくりと右向きに手で引っぱる場合を考える。点 O から点 A まで引っぱったときに手が小球にした仕事は 6.0 J であった。ばね定数を 20 N/m とする。

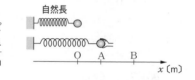

(1) 小球が点 A にあるとき，弾性力による位置エネルギー（弾性エネルギー）はいくらか。

(2) 小球を点 A から点 B（$x = 1.0$ m）まで引っぱったときに，手がした仕事はいくらか。

(3) 点 B から小球をはなした。小球が点 B から点 O に戻るまでに，弾性力が小球にした仕事はいくらか。

83 [位置エネルギーの定義と仕事]　右図のように，なめらかな円筒面がある。質量 0.50 kg の小球を点 A から静かにはなした。重力加速度の大きさを 9.8 m/s² とする。

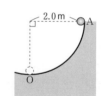

(1) 点 A における小球の重力による位置エネルギーはいくらか。ただし，最下点の点 O を基準面とする。

(2) 小球が点 A から点 O に達するまでに，重力がした仕事はいくらか。

(3) (2)のとき，小球が受ける垂直抗力がした仕事はいくらか。

84 [保存力]　右図のように，質量 m の物体を，点 A から点 B へ運ぶときに，2 通りの経路を考える。重力加速度の大きさを g とする。

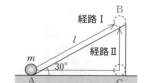

(1) 経路 I で運んだ場合，重力がした仕事 W_1 を，仕事の定義に基づいて求めよ。

(2) 経路 II で運んだ場合，重力がした仕事 W_2 を，仕事の定義に基づいて求めよ。

(3) W_1 と W_2 の関係を式で表せ。

力学的エネルギー保存の法則 *law of conservation of energy*

● **確認事項** 以下の空欄に適当な語句・数式を入れよ。

1 力学的エネルギー

(①) エネルギーと (②) エネルギーの和を力学的エネルギーという。

> $E = K + U$
>
> (力学的エネルギー〔J〕) = (運動エネルギー〔J〕) + (位置エネルギー〔J〕)

ex 鉛直ばね振り子の運動エネルギーを $\frac{1}{2}mv^2$〔J〕, 重力による位置エネルギーを mgh〔J〕, 弾性力による位置エネルギー (弾性エネルギー) を $\frac{1}{2}kx^2$〔J〕とすると, 力学的エネルギー E〔J〕は,

$E = \frac{1}{2}mv^2 + mgh + \frac{1}{2}kx^2$

> 位置エネルギーには 2 つある。
> 重力による位置エネルギー
> 弾性力による位置エネルギー

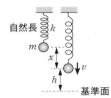

2 力学的エネルギー保存の法則

物体に保存力 (重力・弾性力) 以外の力が仕事をしていないとき, 力学的エネルギーの値は変わらない。これを, 力学的エネルギー保存の法則という。

> 「保存」とは「一定」という意味

> **▶ ベストフィット**
>
> 力学的エネルギーが保存される条件
> ↓
> 非保存力の仕事が 0
> (非保存力とは, 重力・弾性力以外の力)

ex 力学的エネルギー保存の法則が成り立つ例

(1)

> 張力は仕事をしない!

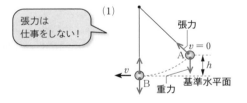

	運動エネルギー	重力による位置エネルギー	力学的エネルギー
A	0	mgh	mgh
B	$\frac{1}{2}mv^2$	0	$\frac{1}{2}mv^2$

力学的エネルギー保存の法則より, $mgh \overset{(はじめ)}{=} \frac{1}{2}mv^2 \,{}^{(あと)}$ が成立。

(2)

> 垂直抗力は仕事をしない!

	運動エネルギー	重力による位置エネルギー	力学的エネルギー
A	0	mgh	mgh
B	$\frac{1}{2}mv^2$	0	$\frac{1}{2}mv^2$

力学的エネルギー保存の法則より, $mgh \overset{(はじめ)}{=} \frac{1}{2}mv^2 \,{}^{(あと)}$ が成立。

(3)

> 重力や弾性力が仕事をしても力学的エネルギーは変化しない

	運動エネルギー	弾性エネルギー	力学的エネルギー
A	0	$\frac{1}{2}kx^2$	$\frac{1}{2}kx^2$
B	$\frac{1}{2}mv^2$	0	$\frac{1}{2}mv^2$

力学的エネルギー保存の法則より, $\frac{1}{2}kx^2 \overset{(はじめ)}{=} \frac{1}{2}mv^2 \,{}^{(あと)}$ が成立。

解答 ① 運動 ② 位置 (← ①と②は順不同)

③ 力学的エネルギーが保存されない場合

重力や弾性力以外の力（非保存力）が仕事をするとき，力学的エネルギーは保存されない。このとき，非保存力がした仕事の分だけ力学的エネルギーは変化する。

物体の力学的エネルギーがはじめ E_0〔J〕で，非保存力によって W'〔J〕の仕事をされたあと，力学的エネルギーが E〔J〕になったとするとき，右の関係式が成り立つ。

$$\overset{\text{あと}}{E} - \overset{\text{はじめ}}{E_0} = W'$$

力学的エネルギー　非保存力によって
の変化量　　　　　された仕事

運動エネルギーと仕事の関係によく似ている

重力や弾性力によってされた仕事は W' に含めない！

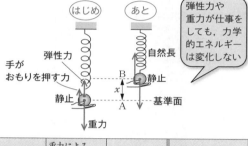

ex.1 図のように，鉛直につるされたばねにとりつけられた質量 m〔kg〕のおもりを，ばねが x〔m〕伸びた状態から自然長の位置まで持ち上げた。このとき，おもりの力学的エネルギーは保存され（　③　）。なぜなら，手がおもりを押す力（非保存力）が仕事 W'〔J〕をしたからである。

弾性力や重力が仕事をしても，力学的エネルギーは変化しない

仕事 W'〔J〕の分だけ力学的エネルギーは変化するので，

$$\overset{\text{あと}}{mgx} - \overset{\text{はじめ}}{\frac{1}{2}kx^2} = W'$$

力学的エネルギー
の変化量

弾性力や重力がした仕事は W' に含まれない！

が成り立つ。

	運動エネルギー	重力による位置エネルギー	弾性エネルギー	力学的エネルギー
A	0	0	$\frac{1}{2}kx^2$	（　　④　　）
B	0	mgx	0	mgx

ex.2 図のように，あらい斜面上の点 A から質量 m〔kg〕の物体を初速度 0 ですべらせる。物体が点 B に達したとき，物体の力学的エネルギーは保存され（　⑤　）。なぜなら，動摩擦力（非保存力）が仕事 W'〔J〕をしたからである。（垂直抗力は仕事をしない）

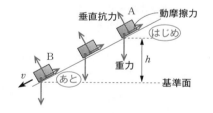

仕事 W'〔J〕の分だけ力学的エネルギーは変化するので，次式が成り立つ。

$$\overset{\text{あと}}{\frac{1}{2}mv^2} - \overset{\text{はじめ}}{mgh} = W'$$

力学的エネルギー
の変化量

重力がした仕事は W' に含まれない！

	運動エネルギー	重力による位置エネルギー	力学的エネルギー
A	0	mgh	mgh
B	$\frac{1}{2}mv^2$	0	（　　⑥　　）

（注）非保存力によってされた仕事 W' が 0 のとき，「$E - E_0 = W'$」は，$E - E_0 = 0$ となる。
　　よって　$E = E_0$　（力学的エネルギー保存の法則）
　あと の力学的エネルギー　はじめ の力学的エネルギー

解答　③ ない　④ $\frac{1}{2}kx^2$　⑤ ない　⑥ $\frac{1}{2}mv^2$

例題 **27** 力学的エネルギー保存の法則

図のように，高さ h〔m〕の点 A から小球を水平方向に速さ v_0 〔m/s〕で投げ出した。**❶**

小球が地面の点 B に達するときの速さ v〔m/s〕を求めよ。ただし，重力加速度の大きさを g〔m/s²〕とする。

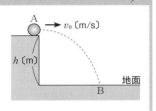

解答

$v = \sqrt{v_0{}^2 + 2gh}$〔m/s〕

リード文check

❶— 初速度 v_0〔m/s〕の放物運動

■ 力学的エネルギー保存の法則を用いる基本プロセス **Process**

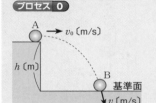

プロセス 0

プロセス 1 非保存力による仕事が 0 であることを確認する

（物体が受ける力をすべてかいて確認）

プロセス 2 重力による位置エネルギーの基準面を定める

問題文に指定がなければ自分で決めてよい

プロセス 3 2つの場所における力学的エネルギーを「＝」で結ぶ

解説

プロセス 1 非保存力による仕事が 0 であることを確認する

点 A から点 B まで運動する間，物体が受ける力は重力（保存力）のみなので，力学的エネルギーは保存される。

プロセス 2 重力による位置エネルギーの基準面を定める

地面を重力による位置エネルギーの基準面とする。

点 A，B における各エネルギーの値を表にまとめると，次のようになる。

	運動エネルギー	重力による位置エネルギー
A（はじめ）	$\dfrac{1}{2}mv_0{}^2$	mgh
B（あと）	$\dfrac{1}{2}mv^2$	0

プロセス 3 2つの場所における力学的エネルギーを「＝」で結ぶ

力学的エネルギー保存の法則より

$$\underbrace{\frac{1}{2}mv_0{}^2 + mgh}_{\substack{\text{点 A における}\\\text{力学的エネルギー}}} = \underbrace{\frac{1}{2}mv^2 + 0}_{\substack{\text{点 B における}\\\text{力学的エネルギー}}}$$

（はじめ）（あと）

$$v^2 = v_0{}^2 + 2gh$$

$v > 0$ より　$v = \sqrt{v_0{}^2 + 2gh}$〔m/s〕

答 $v = \sqrt{v_0{}^2 + 2gh}$〔m/s〕

類題 27 力学的エネルギー保存の法則

図のように，長さ l の糸に質量 m のおもりをつけた振り子がある。糸が鉛直線と $30°$ をなす位置 A からおもりを静かにはなした。重力加速度の大きさを g とする。

(1) 最下点の位置 O を基準面としたとき，位置 A の高さはいくらか。

(2) おもりが最下点の位置 O を通過するときの速さ v を求めよ。

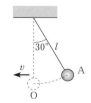

例題 28　力学的エネルギー保存の法則

図のように，斜面上の高さ h の点 A から質量 m の物体を静かにはなしたところ，ばね定数 k の自然長の軽いばね❶にあたって，ばねを押し縮めた。面はすべてなめらかであり，重力加速度の大きさは g である。水平面 BC を高さの基準とする。

(1) 点 A における物体の力学的エネルギーはいくらか。

(2) 点 B を通過したときの物体の速さ v を求めよ。

(3) ばねの最大の縮み x を求めよ。

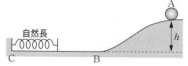

自然長

C　　　　　　　　　　B

h

解答

(1) mgh　(2) $v = \sqrt{2gh}$　(3) $x = \sqrt{\dfrac{2mgh}{k}}$

リード文check

❶— 軽いばねとの衝突 ⇒ 力学的エネルギー不変

2章 エネルギー

■ 力学的エネルギー保存の法則を用いる基本プロセス　Process

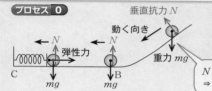

垂直抗力 N

動く向き

N　弾性力　N

C　　　　　　　　B

mg　　　　　mg

重力 mg

$N \perp$（動く向き）
⇒ N は仕事をしない！

プロセス 0

プロセス 1 非保存力による仕事が 0 であることを確認する

プロセス 2 重力による位置エネルギーの基準面を定める

プロセス 3 2つの場所における力学的エネルギーを「＝」で結ぶ

解説

プロセス 1 「非保存力による仕事が 0」を確認する

垂直抗力がはたらいているが，仕事をしない。よって，力学的エネルギーは保存される。

プロセス 2 位置エネルギーの基準面を定める

題意より，水平面 BC を重力による位置エネルギーの基準面とする。

	運動エネルギー	重力による位置エネルギー	弾性エネルギー	力学的エネルギー
A	0	mgh	0	mgh
B	$\dfrac{1}{2}mv^2$	0	0	$\dfrac{1}{2}mv^2$

(1) 点 A における力学的エネルギー E_A は

$$E_A = 0 + mgh + 0 = mgh \qquad \textbf{答 } \boldsymbol{mgh}$$

(2) **プロセス 3** 力学的エネルギーを「＝」で結ぶ

力学的エネルギー保存の法則より

$$\underbrace{0 + mgh + 0}_{\substack{\text{点 A における}\\\text{力学的エネルギー}}} = \underbrace{\dfrac{1}{2}mv^2 + 0 + 0}_{\substack{\text{点 B における}\\\text{力学的エネルギー}}}$$

$v > 0$ より　　**答 $\boldsymbol{v = \sqrt{2gh}}$**

(3) ばねが最も縮んだとき（物体の速さ 0）の各エネルギーを表にまとめる。

運動エネルギー	重力による位置エネルギー	弾性エネルギー	力学的エネルギー
0	0	$\dfrac{1}{2}kx^2$	$\dfrac{1}{2}kx^2$

3 力学的エネルギー保存の法則より

$$\underbrace{0 + mgh + 0}_{\substack{\text{点 A における}\\\text{力学的エネルギー}}} = \underbrace{0 + 0 + \dfrac{1}{2}kx^2}_{\substack{\text{最も縮んだときの}\\\text{力学的エネルギー}}}$$

$x > 0$ より　　**答 $\boldsymbol{x = \sqrt{\dfrac{2mgh}{k}}}$**

類題 28　力学的エネルギー保存の法則

図のように，なめらかな水平面 AB と斜面 BC が続いている。ばね定数 k の軽いばねの一端を固定し，他端に質量 m の小球を置いて x だけ押し縮めて静かにはなした。すると，小球はばねから離れた後に点 B を通過し，最高点 C まで達した。重力加速度の大きさを g とする。

(1) はじめに点 B を通過したときの小球の速さ v を求めよ。

(2) 点 C の高さ h を求めよ。

(3) (1)の後，再び点 B を通過したときの小球の速さ v' を求めよ。

C

h

A　　　　　　B

例題 29 力学的エネルギーが保存されない運動

図のように，なめらかな斜面とあらい水平面がつながっている。水平面からの高さ h の点 A から質量 m の物体を静かにすべらせたところ，物体は水平面上に達してから距離 l すべり，点 B で止まった。重力加速度の大きさを g とする。

(1) 物体が止まるまでに，動摩擦力が物体にした仕事 W を求めよ。

(2) 動摩擦力の大きさ f を求めよ。

(3) 動摩擦係数 μ' を求めよ。

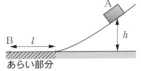

解答

(1) $-mgh$ (2) $mg\dfrac{h}{l}$ (3) $\dfrac{h}{l}$

リード文check

❶─「なめらかな」⇒「摩擦力なし」

❷─「あらい」⇒「摩擦力あり」

■ 力学的エネルギーが保存されない運動の基本プロセス Process

プロセス 1 非保存力が仕事をしていることを確認する

プロセス 2 重力による位置エネルギーの基準面を定める

プロセス 3 「$E - E_0 = W'$」を用いる

解説

(1) プロセス 1 非保存力が仕事をしていることを確認する

動摩擦力（非保存力）が物体に仕事をするので，点 A，B 間で力学的エネルギーは保存されない。

プロセス 2 重力による位置エネルギーの基準面を定める

点 B の位置を重力による位置エネルギーの基準面とする。点 A，B における各エネルギーの値を表にまとめる。

	運動エネルギー	重力による位置エネルギー
A（はじめ）	0	mgh
B（あと）	0	0

プロセス 3 「$E - E_0 = W'$」を用いる

動摩擦力がした仕事 W の分だけ，力学的エネルギーが変化するので，

$$\underbrace{(0+0)}_{\text{あと}} - \underbrace{(0+mgh)}_{\text{はじめ}} = \underbrace{W}_{}$$

力学的エネルギーの変化量　動摩擦力がした仕事

$$W = -mgh \qquad 答 \ -mgh$$

(2) 動摩擦力と物体が動く向きは逆なので，動摩擦力がした仕事 W は $\quad W = -fl$

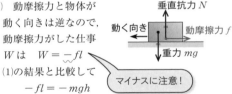

(1)の結果と比較して

$$-fl = -mgh$$

$$f = mg\frac{h}{l} \qquad 答 \ mg\frac{h}{l}$$

マイナスに注意！

(3) 水平面上で物体にはたらく垂直抗力を N とおくと，鉛直方向の力のつりあいより　$N = mg$

一方，動摩擦力の式「$f = \mu' N$」より

$$\mu' = \frac{f}{N} = \frac{mg\dfrac{h}{l}}{mg} = \frac{h}{l} \qquad 答 \ \frac{h}{l}$$

類題 29 力学的エネルギーが保存されない運動

図のように，あらい部分となめらかな部分のある水平面がある。質量 2.0 kg の物体をあらい部分に速さ 6.0 m/s で進入させたところ，あらい部分を通過したのちになめらかな部分に置いてあった自然長の軽いばねにあたって，最大 1.0 m ばねを縮めた。ばね定数は 6.0 N/m である。

(1) 動摩擦力が物体にした仕事はいくらか。

(2) 動摩擦係数が 0.30 であるとき，あらい部分の長さ l〔m〕を求めよ。ただし，重力加速度の大きさは 10 m/s² とする。

85 ［力学的エネルギーと力学的エネルギー保存の法則］　地面から高さ h の点 A
から物体を静かにはなしたところ，地面の点 B に落下した。物体の質量は m，
重力加速度の大きさは g である。重力による位置エネルギーの基準は地面と
する。

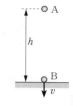

(1) 物体をはなした瞬間の物体の運動エネルギー K_A と位置エネルギー U_A を
それぞれ求めよ。

(2) 物体が地面に達するときの速さを v とすると，このときの物体の運動エネルギー K_B と位
置エネルギー U_B をそれぞれ求めよ。

(3) 力学的エネルギーが保存されることを用いて，v を h と g を用いて表せ。

86 ［力学的エネルギー保存の法則］　水平面の点 A から物体を鉛直上向き
に v_0〔m/s〕の速さで投げ上げると，最高点 B に達した後，再び点 A に
戻った。物体の質量は m〔kg〕，重力加速度の大きさは g〔m/s²〕であ
る。

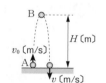

(1) 力学的エネルギー保存の法則を用いて，水平面から最高点 B までの
高さ H〔m〕を求めよ。

(2) 力学的エネルギー保存の法則を用いて，再び点 A に戻ったときの物体の速さ v〔m/s〕を求
めよ。

87 ［力学的エネルギー保存の法則］　なめらかな水平面上にばね定数 k
〔N/m〕のばねを置き，一端を固定し，他端は質量 m〔kg〕の小球をと
りつけた。ばねが自然長の状態で小球に初速度 v_0〔m/s〕を与えた。

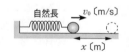

(1) ばねの伸びの最大値 x〔m〕を求めよ。

(2) 力学的エネルギー保存の法則を用いて，初めてばねが自然長に戻ったときの速さ v〔m/s〕
を求めよ。

88 ［力学的エネルギー保存の法則］　地面から高さ h の位置から，鉛直上向き
に速さ v_0 で質量 m の小球を投げ上げた。重力加速度の大きさを g，位置
エネルギーの基準を地面とする。

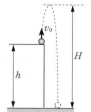

(1) 小球を投げ上げた瞬間の，小球の運動エネルギー K と位置エネルギー
U をそれぞれ求めよ。

(2) 地面から最高点までの高さ H を求めよ。

(3) 小球が地面に達するときの速さ v を求めよ。

89 [力学的エネルギー保存の法則] 図のように，斜面上の点 A（高さ h_A）に質量 m の小球を置いて静かにはなしたところ，小球は点 B（高さ h_B）から水平方向に飛び出して点 C に達した。重力加速度の大きさを g とし，斜面はなめらかであるとする。

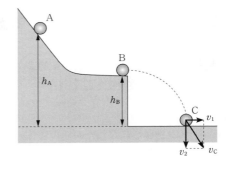

(1) 点 B における小球の速さ v_B を求めよ。

(2) 点 C における小球の速さ v_C を求めよ。

(3) 小球が点 C に達するときの速度を水平方向と鉛直方向に分解したときの速さをそれぞれ v_1，v_2 としたとき，$\dfrac{v_2}{v_1}$ を求めよ。

90 [力学的エネルギー保存の法則] 図のように，長さ l の軽い糸を地面から高さ $2l$ の点 O で一端を固定し，他端に質量 m の小球をつけて，糸がたるまないようにして小球を高さ $2l$ の点 A から静かにはなした。振り子の最下点を B，糸が鉛直線と $60°$ の角をなす点のうち，鉛直線よりも右にあるものを C とし，重力加速度の大きさを g とする。

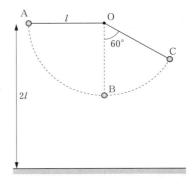

(1) 小球は，A→B→C と運動する間，糸が引く力（張力）を受け続けている。小球が張力を受け続けているにもかかわらず力学的エネルギー保存の法則が成立する理由を簡潔に答えよ。

(2) 点 B における，小球の速さ v_B を求めよ。

(3) 点 C における，小球の速さ v_C を求めよ。

(4) 小球が点 C に達したときに糸が切れ，小球は地面に落ちた。小球が地面に落ちたときの速さ v_D を求めよ。

91 [力学的エネルギー保存の法則] 図のように，天井から軽いばねの下端に質量 m のおもりをつけると，ばねは自然長から l だけ伸びてつりあった。このおもりをばねの自然長の位置まで持ち上げて静かにはなした。重力による位置エネルギーの基準面をばねの自然長の位置にとり，重力加速度の大きさを g とする。

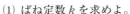

(1) ばね定数 k を求めよ。

(2) 自然長から x 伸びた位置におけるおもりの速さを v としたとき，この位置における運動エネルギー K，重力による位置エネルギー U_1，弾性エネルギー U_2 はそれぞれいくらか。

(3) K，U_1，U_2 について成り立つ関係式をつくれ。

(4) つりあいの位置におけるおもりの速さ V を求めよ。

(5) ばねの伸びの最大値 L を求めよ。

92 [力学的エネルギーが保存されない運動]　図のように，あらい斜面がある。点 A で初速度 3.0 m/s で質量 2.0 kg の物体をはなしたところ，点 B では 6.0 m/s の速さとなった。重力加速度の大きさは 10 m/s² とし，点 B の高さを位置エネルギーの基準とする。

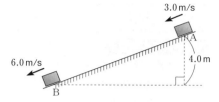

(1) 物体が A から B へ運動する間，力学的エネルギーは変化する。その理由を簡潔に答えよ。

(2) 点 A における物体の力学的エネルギー E_A〔J〕はいくらか。

(3) 点 B における物体の力学的エネルギー E_B〔J〕はいくらか。

(4) AB 間で物体にはたらく動摩擦力がした仕事 W〔J〕はいくらか。

93 [力学的エネルギーが保存されない運動]

図のように，水平面と斜面がなめらかにつながった面がある。水平面の長さ L の部分 AB だけがあらく，その他の部分はなめらかである。下の水平面上には，

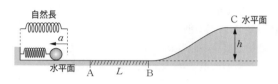

一端を壁に固定されたばね定数 k の軽いばねがある。このばねの他端に質量 m の小球をつけ a だけ押し縮めた後，静かに手をはなした。小球とあらい面との間の動摩擦係数を μ'，重力加速度の大きさを g とする。

(1) ばねを押し縮めるために小球に加えた仕事はいくらか。

(2) 小球が初めて点 A を通過するときの速さはいくらか。

(3) 小球が初めて点 B を通過するときの速さはいくらか。

(4) 小球が高さ h の水平面上の点 C に達するためには，a はいくら以上であることが必要か。

(5) 縮み a が小さかったため，小球が点 C に達する前に折り返してしまい，再び点 B を通過して点 A で止まった。このときの a はいくらか。

94 [力学的エネルギー保存の法則]　図のように，なめらかな斜面がある。斜面の点 A から小球を静かにはなすと，小球は最下点 B を通過して，点 C から飛び出した。その後の小球の軌跡はどうなるか。図の①〜③の中から最も適当なものを選べ。また，そう考えた理由を，「力学的エネルギー」という用語を用いて説明せよ。ただし，摩擦や空気抵抗等はないものとする。

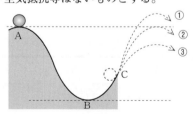

■**中学までの復習**■ 以下の空欄に適当な語句を入れよ。

- ・固体から液体になるときの温度を（　ア　）という。
- ・液体から気体になるときの温度を（　イ　）という。
- ・物質が温度によって状態を変えることを（　ウ　）という。

解答
(ア)融点
(イ)沸点
(ウ)状態変化

●　**確認事項**　● 以下の空欄に適当な語句を入れよ。

1 熱と温度

●**熱運動**……物質を構成している原子や分子の乱雑な運動。温度が高いほど熱運動が激しくなる。

ex 温度計は原子や分子の熱運動による物質の体積変化を利用しているものが多い。

●**ブラウン運動**……熱運動する分子が微粒子に衝突して生じる，微粒子の不規則な運動。

●**温度**……熱運動の激しさを示す尺度。

ものの温かさ，冷たさの度合いを示している。

$$T = t + 273$$
$$(絶対温度〔K〕) = (セルシウス温度〔℃〕) + 273$$

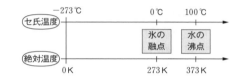

●**物質の三態**……物質は固体・液体・気体のいずれかの（①　　　　）をとる。

●**熱**……温度の異なる物体を接触させたとき，高温物体から低温物体へ移動するエネルギーのこと。

●**熱量**……温度の異なる物体間で移動する熱（エネルギー）の量（単位は〔J〕）。

●**融解熱**……物質が（②　　　　　）するのに必要な熱量。

●**蒸発熱**……物質が（③　　　　　）するのに必要な熱量。

> どちらも潜熱の一種。物質1gに対する熱量で表すことが多い。その場合，単位は〔J/g〕

2 熱容量と比熱

●**熱容量**……物体の温度を1K上昇させるのに必要な熱量。

$$Q = C\varDelta T$$
$$(熱量〔J〕) = (熱容量〔J/K〕) \times (温度変化〔K〕)$$

●**比熱**……物体の温度を単位質量あたり1K上昇させるのに必要な熱量。

$$Q = mc\varDelta T$$
$$(熱量〔J〕) = (質量〔g〕) \times (比熱〔J/(g\cdot K)〕) \times (温度変化〔K〕)$$

●**熱容量と比熱の関係**

$$C = mc$$
$$(熱容量〔J/K〕) = (質量〔g〕) \times (比熱〔J/(g\cdot K)〕)$$

●**熱平衡**……温度の異なる物体どうしを接触させておくと，

互いの温度が一致するまで熱の移動が続く。この両者の

（④　　　　　）が等しくなった状態のこと。

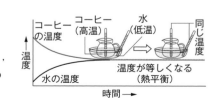

解答 ① 状態　② 融解　③ 蒸発　④ 温度

●**熱量の保存**……温度の異なる物体間で熱が移動する際，外部に（　　）が逃げない場合は，次の関係式が成り立つ。
⑤

> ベストフィット
> 熱量の保存は高温物体から低温物体への"熱"のキャッチボール！

（高温物体が放出した熱量）＝（低温物体が得た熱量）

3 熱と仕事

> 中学で学んだ"熱エネルギー"とほぼ同じ

●**内部エネルギー**……物体を構成する分子や原子の熱運動による運動エネルギーと分子間や原子間の力による位置エネルギーの総和。

> 気体では，この位置エネルギーはほぼ 0

（注）気体では，分子の（　　　　　）による運動エネルギーの総和が内部エネルギーと考えてよい。したがって，気体の温度が高いほど内部エネルギーは大きくなる。
⑥

●**熱力学第 1 法則**

・ΔU の内訳に着目した表記

「気体の内部エネルギーの変化量 ΔU〔J〕は，気体が得た熱量 Q〔J〕と気体が外部からされた仕事 W_{in}〔J〕の和に等しい。」

$$\Delta U = Q + \overset{された}{W_{in}}$$

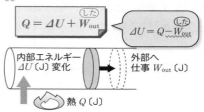

内部エネルギー ΔU〔J〕変化　外部から仕事 W_{in}〔J〕
熱 Q〔J〕

・Q の内訳に着目した表記

「気体が得た熱量 Q〔J〕は，気体の内部エネルギーの変化量 ΔU〔J〕と気体が外部にした仕事 W_{out}〔J〕の和に等しい。」

$$Q = \Delta U + \overset{した}{W_{out}}$$

> $\Delta U = Q - \overset{した}{W_{out}}$

内部エネルギー ΔU〔J〕変化　外部へ仕事 W_{out}〔J〕
熱 Q〔J〕

> ベストフィット
> $W_{in} = -W_{out}$ の関係に注意し，どちらを使うかはっきりさせる！

4 熱機関と不可逆変化

●**熱機関**……熱を仕事に変換する装置。（例；蒸気機関，ガソリンエンジンなど）
●**熱効率**……熱機関が，高温の物体から受け取った熱のうち，どれだけ仕事に変換できたかを表す割合。熱機関が熱量 Q_{in}〔J〕を吸収し，外部に仕事 W_{out}〔J〕をしたあと，熱量 Q_{out}〔J〕を放出したとする。このときの熱効率 e は次式で表される。

> 百分率（％）で表す場合は 100 倍する

$$e = \frac{\overset{した}{W_{out}}}{Q_{in}} = \frac{Q_{in} - Q_{out}}{Q_{in}}$$

$$(0 \leqq e < 1)$$

高温の物体
Q_{in}
熱機関　　W_{out}
Q_{out}
低温の物体

> エネルギーの保存より「$Q_{in} = W_{out} + Q_{out}$」が成り立つ

●**不可逆変化**……新たに別のエネルギーを加えないと，初めの状態に戻すことができない変化。

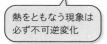

> 熱をともなう現象は必ず不可逆変化

ex 熱いお茶を放置したとき，お茶は熱をまわりに放出して，その温度はやがて室温となるような変化。この場合，お茶がまわりの空気から熱を奪い，再び熱いお茶に戻ることは（　　　　）。
⑦

（**解答**）⑤ 熱　⑥ 熱運動　⑦ ない

例題 30 融解熱

0℃の氷 100 g に熱を加える実験をした結果，すべて 0℃の水にするためには，
3.3×10⁴ J の熱量が必要であることがわかった。①

(1) この実験結果から，氷の融解熱はいくらか。〔J/g〕の単位で答えよ。②

(2) (1)の融解熱の値を用いると，0℃の氷 8.0 g をすべて 0℃の水にするために
必要な熱量はいくらか。

(3) (1)の融解熱の値を用いると，0℃の氷 500 g に 9.9×10⁴ J の熱を加えた場合，
とけずに氷のまま残るのは何 g と考えられるか。③

解答

(1) $3.3×10^2$ J/g

(2) $2.6×10^3$ J

(3) $2.0×10^2$ g

リード文check

❶ — $3.3×10^4 = 33000$

❷ — 1 g あたりの熱量で答える

❸ — まず，とけた量を求める

$$10^2 = 10×10 = 100$$
$$10^3 = 10×10×10 = 1000$$
$$10^4 = 10×10×10×10 = 10000$$

■ 融解熱・蒸発熱の基本プロセス　Process

プロセス 1 融解熱を 1 g あたりの熱量で表す

プロセス 2 状態変化に必要な熱量を求める

プロセス 3 残った物質の量 ⇒ まずは状態変化した量を求める

解説

(1) **プロセス 1** 融解熱を 1 g あたりの熱量で表す

$$\frac{3.3×10^4}{100}$$

ふつう，融解熱は 1 g あたりの熱量で表す

$$= \frac{3.3×10^4}{10^2} \quad \boxed{\frac{10^4}{10^2} = 10^{4-2}}$$

$$= 3.3×10^2 〔J/g〕 \quad 答 \ 3.3×10^2 \ J/g$$

(2) **プロセス 2** 状態変化に必要な熱量を求める

$$(全体の量) = (1 あたりの量)×(いくつ分)$$

求める熱量を Q〔J〕とすると

$$Q = \underbrace{3.3×10^2}_{\substack{1 g あたりの\\熱量(融解熱)}}×\underbrace{8.0}_{何 g 分か}$$
全体の熱量

$$= 26.4×10^2$$
$$= 2.64×10^3 〔J〕 \quad 答 \ 2.6×10^3 \ J$$

(3) **プロセス 3** 残った物質の量
⇒ まずは状態変化した量を求める

9.9×10⁴ J の熱量で，0℃の氷から 0℃の水へ変化した（とけた）質量を m〔g〕とおく。

$$\underbrace{9.9×10^4}_{全体の熱量} = \underbrace{3.3×10^2}_{\substack{1 g あたりの\\熱量(融解熱)}}×\underbrace{m}_{何 g 分か}$$

よって $m = \dfrac{9.9×10^4}{3.3×10^2}$

$$= 3.0×10^2$$
$$= 300 〔g〕$$

したがって，とけずに氷のまま残る質量は
$$500-300 = 200$$
$$= 2.0×10^2 〔g〕$$

答 $2.0×10^2$ g

類題 30 蒸発熱

100℃で 300 g の水に 4.6×10⁵ J の熱を加えたとき，蒸発せずに 100℃の水のまま残るのは何 g か。
水の蒸発熱を $2.3×10^3$ J/g とする。

例題 31 熱量の保存

t_1〔℃〕の液体 m_1〔g〕の中に，これよりも高い温度 t_2〔℃〕の金属球 m_2〔g〕を入れて熱平衡になったとき，液体と金属球の温度はともに T〔℃〕になった。液体，金属球の比熱はそれぞれ $10c$〔J/(g·K)〕，c〔J/(g·K)〕である。熱は外に逃げないものとする。

金属球
（高温）

液体
（低温）

(1) 液体が得た熱量 Q_1〔J〕はいくらか。

(2) 金属球が失った熱量 Q_2〔J〕はいくらか。

(3) 温度 T はいくらか。c を用いずに答えよ。

解答

(1) $Q_1 = 10m_1c(T-t_1)$〔J〕

(2) $Q_2 = m_2c(t_2-T)$〔J〕

(3) $T = \dfrac{10m_1t_1 + m_2t_2}{10m_1 + m_2}$〔℃〕

リード文check

❶—t_1 と t_2 の大小関係は $t_1 < t_2$

❷—T は t_1 と t_2 の間になる。つまり，$t_1 < T < t_2$

❸—金属球の失った熱量が液体の得た熱量となる（熱量の保存）

■ 熱量の保存の基本プロセス　Process

プロセス 0

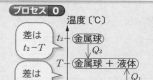

温度〔℃〕

差は
$t_2 - T$

差は
$T - t_1$

t_2 金属球
Q_2
T 金属球 ＋ 液体
Q_1
t_1 液体

図をかいておくとミスが少なくなる！

プロセス 1 　温度の関係を数直線で表す

プロセス 2 　移動した熱量を求める（Q_1，Q_2）

プロセス 3 　熱量の保存を式で表す（$Q_1 = Q_2$）

熱のキャッチボール

解説

(1) プロセス 1 　温度の関係を数直線で表す

プロセス 2 　移動した熱量を求める

液体の上昇した温度は，$T - t_1$〔℃〕

よって，液体が得た熱量 Q_1 は

$Q_1 = m_1 \times 10c \times (T - t_1)$

得た熱量　質量　比熱　上昇した温度

T と t_1 の大小関係に注意！

答 $Q_1 = 10m_1c(T-t_1)$〔J〕

(2) 2 　金属球の下降した温度は，$t_2 - T$〔℃〕

よって，金属球が失った熱量 Q_2 は

$Q_2 = m_2 \times c \times (t_2 - T)$

失った熱量　質量　比熱　下降した温度

温度が下がる
＝
熱を失う

答 $Q_2 = m_2c(t_2-T)$〔J〕

(3) プロセス 3 　熱量の保存を式で表す

(1)，(2)の結果より，熱量の保存を式で表すと

$\underbrace{10m_1c(T-t_1)}_{\text{液体が得た熱量 } Q_1} = \underbrace{m_2c(t_2-T)}_{\text{金属球が失った熱量 } Q_2}$

$(10m_1 + m_2)T = 10m_1t_1 + m_2t_2$

$T = \dfrac{10m_1t_1 + m_2t_2}{10m_1 + m_2}$〔℃〕

答 $T = \dfrac{10m_1t_1 + m_2t_2}{10m_1 + m_2}$〔℃〕

類題 31 　熱量の保存

20℃で 1000 g の金属製の容器に，20℃の水が 400 g 入っている。この中に 68℃のお湯を 100 g 入れた。金属の比熱を 0.42 J/(g·K)，水の比熱を 4.2 J/(g·K) とし，外部との熱のやりとりはないものとする。

(1) 金属製の容器の熱容量はいくらか。

(2) 金属製の容器と 400 g の水をあわせた熱容量はいくらか。

(3) 熱平衡になった後の全体の温度はいくらか。

図のように，ピストンの付いた容器の中に気体が入っている。

(1) 気体に 300 J の熱量を与えると，気体はピストンに 180 J の仕事をした。このとき，気体の内部エネルギーは何 J 増加または減少したか。また，気体の温度は上がったか，それとも下がったか。

(2) ピストンを押し込んで気体に 500 J の仕事をしたところ，気体の内部エネルギーは 350 J 増加した。このとき，容器内と外部との間で移動した熱量はいくらか。また，気体は熱を吸収したか，それとも放出したか。

解答

(1) 120 J 増加，上がった

(2) 150 J，放出した

リード文check

❶—気体がした仕事 $W_{out} = 180$ J（または，気体がされた仕事 $W_{in} = -180$ J）

❷—気体がされた仕事 $W_{in} = 500$ J（または，気体がした仕事 $W_{out} = -500$ J）

■ **気体が入った容器の基本プロセス** Process

プロセス 0

気体が得た熱量 Q　内部エネルギーの変化量 ΔU　気体がされた仕事 W_{in}

プロセス 1 物理量を文字で表す（符号に注意！）

プロセス 2 熱力学第 1 法則を用いる

プロセス 3 内部エネルギーの変化から温度変化を求める

気体の温度が高いほど，内部エネルギーは大きくなる

解説

(1) **プロセス 1** 物理量を文字で表す

題意より，気体が得た熱量 $Q = 300$ J，気体がされた仕事 $W_{in} = -180$ J

プロセス 2 熱力学第 1 法則を用いる

「$\Delta U = Q + W_{in}$」より

$\Delta U = 300 + (-180)$

$\quad = 120$ 〔J〕

変化量は **あと** − **はじめ**
変化量が正 ⇒ 増加
変化量が負 ⇒ 減少

内部エネルギーの変化量 ΔU が正だから，内部エネルギーは増加した。

プロセス 3 内部エネルギーの変化から温度変化を求める

$\Delta U > 0$ だから，温度は上昇した。

答 120 J 増加，上がった

別解 「$\Delta U = Q - W_{out}$」より

$\Delta U = 300 - 180 = 120$ 〔J〕

(2) **❶** 題意より，気体がされた仕事 $W_{in} = 500$ J，内部エネルギーの変化量 $\Delta U = 350$ J

❷ 「$\Delta U = Q + W_{in}$」より

$Q = \Delta U - W_{in}$

$\quad = 350 - 500$

$\quad = -150$ 〔J〕

気体が得た熱量 Q が負だから，気体は熱を放出した。

答 150 J，放出した

別解 「$\Delta U = Q - W_{out}$」より

$Q = \Delta U + W_{out}$

$\quad = 350 + (-500)$

$\quad = -150$ 〔J〕

類題 32 熱力学第 1 法則

シリンダー内の気体は，外部と熱のやりとりをせずに膨張し，このとき 240 J の仕事をした。

(1) 気体の内部エネルギーは何 J 増加または減少したか。また，気体の温度は上がったか，それとも下がったか。

(2) 気体が外部からされた仕事はいくらか。

例題 33 熱効率

1秒間あたり $Q_1 = 800\,\text{J}$ の熱量を高温の物体から吸収して，$Q_2 = 600\,\text{J}$ の熱量を低温の物体に放出する熱機関がある。

(1) 1秒間あたりにこの熱機関がする仕事 $W\,\text{〔J〕}$ はいくらか。
　　　　　　　　　　　　　　　　　　❶

(2) この熱機関の熱効率はいくらか。
　　　　　　❷

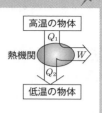

解答

(1) 200 J

(2) 0.250

リード文check

❶—エネルギーの保存より　$Q_1 = W + Q_2$

❷—熱効率の定義式より　$e = \dfrac{W}{Q_1}$

■ 熱効率の基本プロセス　Process

プロセス 0

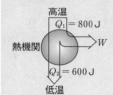

プロセス 1 熱機関の概念図をかく

プロセス 2 エネルギー保存の式「$Q_{in} = W_{out} + Q_{out}$」を用いる

プロセス 3 熱効率の定義式「$e = \dfrac{W_{out}}{Q_{in}}$」を用いる

解説

(1) **プロセス 1** 熱機関の概念図をかく

プロセス 2 エネルギー保存の式
「$Q_{in} = W_{out} + Q_{out}$」を用いる

エネルギーの保存を考えると，$Q_1 = W + Q_2$ が成り立つ。よって

$W = Q_1 - Q_2$
$ = 800 - 600$
$ = 200\,\text{〔J〕}$　**答 200 J**

(2) **プロセス 3** 熱効率の定義式「$e = \dfrac{W_{out}}{Q_{in}}$」を用いる

熱効率の定義式より

$e = \dfrac{W}{Q_1}$
$ = \dfrac{200}{800}$
$ = 0.250$
答 0.250

> **＜熱効率の定義式＞**
> $e = \dfrac{\text{外部にした仕事}\ W_{out}}{\text{吸収した熱量}\ Q_{in}}$

類題 33 熱効率

ある熱機関に，高熱源から 400 J の熱量を与えたところ，80 J の仕事をした。

(1) 熱機関とは，何を何に変換する装置か。簡潔に述べよ。

(2) この熱機関が低熱源に捨てた熱量はいくらか。

(3) この熱機関の熱効率はいくらか。

95 ［指数の計算］　次の計算をせよ。

数トレ (1) $\dfrac{10^5}{10^2}$　　(2) $\dfrac{6.0\times10^5}{2.5\times10^3}$　　(3) $\dfrac{6.0\times10^4\times2.0\times10^4}{2.0\times10^2}$　　(4) $\dfrac{6.0\times10^4-2.0\times10^4}{2.0\times10^2}$

96 ［絶対温度とセルシウス温度］　絶対温度とセルシウス温度について，次の問いに答えよ。

(1) 水の沸点は 100℃ である。絶対温度では何 K か。

(2) 氷の融点は 0℃ である。絶対温度では何 K か。

(3) 塩化ナトリウムの融点は 1074 K である。セルシウス温度では何℃か。

(4) 液体窒素の沸点は 77 K である。セルシウス温度では何℃か。

(5) 金属に熱を加えたところ，温度が 20℃ から 60℃ へ変化した。このときの温度変化は何℃か。また，このときの温度変化を絶対温度で表すと何 K か。

97 ［三態変化と熱量］　図は，氷にゆっくりと熱を与えたときの温度上昇の様子を表している。

(1) 図中の B，D，E では，水はどのような状態で存在しているか。次の(ア)～(オ)から選べ。

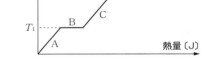

　　(ア) 氷　　(イ) 液体の水　　(ウ) 水蒸気

　　(エ) 氷と液体の水が共存

　　(オ) 液体の水と水蒸気が共存

(2) 温度 T_1，T_2 はそれぞれ何とよばれているか。漢字2文字で答えよ。また，それぞれの温度は何℃か。

(3) 図中の B および D において，状態変化で使われた熱量は，それぞれ何というか。

98 ［融解熱・蒸発熱］　氷の融解熱を 3.3×10^2 J/g，水の蒸発熱を 2.3×10^3 J/g とする。

(1) 0℃ で 100 g の氷をすべて 0℃ の水に変化させたい。このとき必要な熱量はいくらか。

(2) 100℃ の水 200 g をすべて 100℃ の水蒸気に変化させたい。このとき必要な熱量はいくらか。

99 ［熱容量・比熱］　質量が 50 g の金属球がある。この金属球に 250 J の熱量を加えたところ，温度が 10 K 上昇した。

(1) この金属球の熱容量はいくらか。

(2) この金属の比熱はいくらか。

100 ［比熱・融解熱］　－20℃ で 100 g の氷に，1 秒間あたり100 J の熱を加え続けたところ，温度は右の図のように変化した。

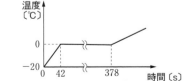

(1) 氷の比熱は何 J/(g·K) か。

(2) 氷の融解熱は何 J/g か。

101 ［熱量の保存］　10℃ で 300 g の水に，90℃ で 100 g のお湯を加えた。混合した後の温度は何℃か。ただし，熱は外に逃げないものとする。

102 [熱量の保存]　温度 t_1 で質量 m_1 の水中に，これよりも高い温度 t_2 で質量 m_2 の金属球を入れて，十分に時間が経過すると，温度 T で熱平衡になった。水の比熱を c_1 とし，熱は外に逃げないものとする。

(1) 水が得た熱量 Q_1 はいくらか。

(2) 金属球の比熱 c_2 はいくらか。

103 [熱と仕事]　100 g の弾丸が 4.0×10^2 m/s の速さで壁に撃ち込まれて止まった。

(1) 壁に撃ち込まれる前に弾丸が持っていた運動エネルギーは何 J か。

(2) 弾丸の運動エネルギーがすべて熱に変換されて弾丸の温度上昇に使われたとすると，弾丸の温度は何℃上昇するか。ただし，弾丸の比熱を 0.50 J/(g·K) とする。

（side tab）2 章　エネルギー

104 [熱力学第 1 法則]　ピストンの付いた容器の中に気体が入っている。次の(1)〜(3)の場合において，気体の内部エネルギーの変化量はいくらか。また，内部エネルギーは増加するか，それとも減少するか答えよ。

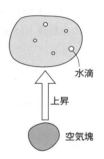

(1) 気体に 400 J の熱を加えながら，ピストンを押し込んで気体に 200 J の仕事をした。

(2) ピストンを押し込んで気体に 500 J の仕事をしたら，気体から外へ 150 J の熱が放出された。

(3) 気体に 200 J の熱を加えながら，ピストンを引いたところ，気体はピストンに対して 500 J の仕事をした。

105 [熱力学第 1 法則]　雲のでき方に関する物理的な考察に関して，以下の①〜⑤に適する語を答えよ。

　大気中の空気のかたまり (以下「空気塊 (くうきかい)」とよぶ) が何らかの原因で上昇すると，上空ほど気圧が低いために，空気塊は膨張する。つまり，空気塊はまわりの空気に対して (①) をする。一方，空気塊が上昇する際は，まわりの空気との熱の出入りがほとんどないと考えられる。したがって，空気塊が上昇すると，(②) 法則より，空気塊の内部エネルギーは (③) するので，空気塊の温度は (④) がる。そして，空気塊の温度が露点に達すると，空気塊に含まれる (⑤) が水に変化して水滴となり，雲ができる。

106 [熱効率]　熱効率が 0.300 のエンジンに 600 J の熱を与えた。エンジンが外部にした仕事はいくらか。また，エンジンが放出した熱量はいくらか。

107 [熱効率]　あるガソリンエンジンは，1 秒間で 3.0 g のガソリンを消費し，3.0×10^4 J の仕事をする。ガソリン 1.0 g を燃焼すると 4.0×10^4 J の熱量がエンジンに供給されるものとする。

(1) 1 秒間あたりにガソリンエンジンが吸収する熱量はいくらか。

(2) このガソリンエンジンの熱効率はいくらか。

108 [不可逆変化]　次の(ア)〜(オ)の現象のうち，不可逆変化であるものをすべて記号で選べ。

(ア) 熱が高温部から低温部へ移動する現象　　(イ) 床から摩擦力を受けて物体が止まる運動

(ウ) 暖かい部屋で氷がとけて水になる現象　　(エ) 真空中の振り子の運動

(オ) 煙が空気中に広がる現象

第3章 波

▶15 波とは何か *what a wave is*

● 確認事項 ● 以下の空欄に適当な語句を入れよ。

1 波（波動）

●波……ある場所（波源）に起きた振動が次々と周囲に伝わっていく現象。

●媒質……波を伝える物質。

ex 水の表面にできる波（水面波）の媒質は（ ），①
音の媒質は（ ）②

●波形……ある瞬間の媒質の各点を連ねた曲線。

波形の最も高い点を山，最も低い点を谷という。

波を波形で分類すると，

- パルス波；孤立した波形の波
- 連続波 ：同じ波形がくり返されてつながっている波

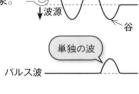

単独の波

パルス波

連続波

同じパターンのくり返し

2 波を表す量

●波長 λ〔m〕……波1つ分の長さ。

となりあう山と山（谷と谷）の間隔になっている。

●振幅 A〔m〕……山の高さ（谷の深さ）。

●周期 T〔s〕……媒質が1回振動する時間。

●振動数 f〔Hz〕……媒質が1秒間に振動する回数。

媒質は T〔s〕で1回振動するので，次式が成り立つ。

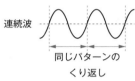

波長 波1つ分の長さ

波源からの距離 x〔m〕

$$f = \frac{1}{T} = \frac{1}{(周期)}$$

時間1秒を，1つの波ができる時間 T で割ると，1秒間にできる波の数 f が求められる

周期は，波が1つできるのに要する時間とも考えられる。

●速さ v〔m/s〕……波が1秒間に進む距離。

(1) 波は1周期（T〔s〕）で1波長（λ〔m〕）進むので，次の関係式が成り立つ。

$$v = \frac{\lambda}{T} = \frac{(波長)}{(周期)}$$

(2) 波長 λ〔m〕の波が1秒間に f 個できたとき，波が1秒間に伝わる距離（速さ v〔m/s〕）は，次式で表される。

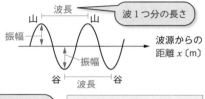

$T < 1$ のとき

$t = 0$ 波源 x〔m〕

(1) $t = T$ 波源 λ 波1つ分の長さ x〔m〕

(2) $t = 1$ 波源 x〔m〕

λ λ λ

f 個 1秒間にできる波の数

$f\lambda$ 1秒間に進んだ距離

$$v = f\lambda = (1秒間にできる波の数) \times (1つの波の長さ)$$

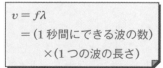

● ベストフィット

$$v = \frac{\lambda}{T} = f\lambda$$

$$f = \frac{1}{T}$$

(解答) ① 水 ② 空気

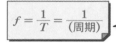

③ 横波と縦波

●**横波**……媒質の振動方向と，波の進行方向が垂直な
波。

光や電波は横波である。

●**縦波**……媒質の振動方向と，波の進行方向が平行な
波。

$\left\{\begin{array}{l}\text{「密」；媒質が詰まっている部分}\\\text{「疎」；媒質がまばらな部分}\end{array}\right.$

縦波のことを疎密波ともいう。

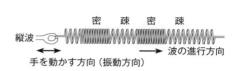

④ 縦波の表し方

縦波の図から，密や疎な部分を見つけるのは簡単だが，波長 λ や振幅 A はわかりにくい。

そこで，波長 λ や振幅 A をわかりやすくするために，左右の振動を上下の振動にかき直すとよい。

縦波	⇄	横波表示
右向きの変位	⇄	上向きの変位
左向きの変位	⇄	下向きの変位

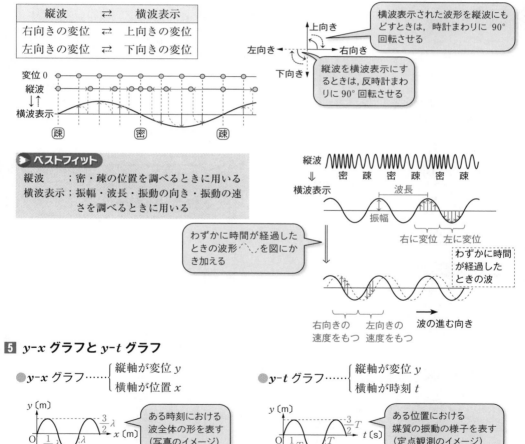

横波表示された波形を縦波にもどすときは，時計まわりに 90° 回転させる

縦波を横波表示にするときは，反時計まわりに 90° 回転させる

疎　密　疎

> **ベストフィット**
>
> 縦波　　：密・疎の位置を調べるときに用いる
> 横波表示：振幅・波長・振動の向き・振動の速さを調べるときに用いる

波長
振幅
右に変位　左に変位

わずかに時間が経過したときの波形 を図にかき加える

わずかに時間が経過したときの波

右向きの速度をもつ　左向きの速度をもつ　波の進む向き

⑤ $y\text{-}x$ グラフと $y\text{-}t$ グラフ

●**$y\text{-}x$ グラフ**……$\left\{\begin{array}{l}\text{縦軸が変位 } y\\\text{横軸が位置 } x\end{array}\right.$

ある時刻における波全体の形を表す（写真のイメージ）

波長

●**$y\text{-}t$ グラフ**……$\left\{\begin{array}{l}\text{縦軸が変位 } y\\\text{横軸が時刻 } t\end{array}\right.$

ある位置における媒質の振動の様子を表す（定点観測のイメージ）

周期

3章
波

6 単振動と正弦波

●**単振動**……ばねのように周期的に振動する運動。

単振動は、回転運動する物体の高さの変位で表すことができる。

●**正弦波**……波源で起きた単振動が伝わる波。

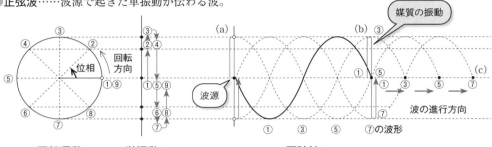

＜回転運動＞　　＜単振動＞　　　　　　　　＜正弦波＞

> **▶ ベストフィット**
> (a) 波源は回転運動と同じ高さで振動
> (b) 媒質の1点に注目すると、波源と同じように振動
> (c) • を見ると、一定の速さで右に進行

●**位相**……単振動を表す回転運動における回転角のこと。θ〔°〕で表す。

> 〔rad〕という単位で表すこともある

{ 同位相…位相が同じこと
{ 逆位相…位相が180°(π〔rad〕) 異なること

> 波長の整数倍 (λ, 2λ, …) ずれた位置は同位相

> 波長の $\left(\text{整数} + \dfrac{1}{2}\right)$ 倍 $\left(\dfrac{1}{2}\lambda, \dfrac{3}{2}\lambda, \cdots\right)$ ずれた位置は逆位相

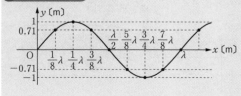

> **▶ ベストフィット**
> (a) 同位相の位置ならば、変位と速度がともに等しい
> (b) 逆位相の位置ならば、変位と速度の向きがともに逆 (大きさはともに等しい)

> (c)「変位が同じならば同位相」という訳ではない

> (d)「変位の大きさが同じで ＋，－ が逆ならば逆位相」という訳ではない

> **▶ ベストフィット**

振幅が1の正弦波の変位は、$x = \dfrac{1}{8}\lambda$ ごとに

$y = 0,\ 0.71,\ 1,\ 0.71,\ 0,\ -0.71,\ -1,\ -0.71,\ 0$

> 正確には $\dfrac{\sqrt{2}}{2}$

> 正確には $-\dfrac{\sqrt{2}}{2}$

と変化する

例題 34 正弦波の物理量

(1) 図の波の振幅 A〔m〕，波長 λ〔m〕を求めよ。
 ①   ②
(2) この波の周期が 0.50 秒であった。この波の振動数
    ③   ④
 f〔Hz〕，速さ v〔m/s〕を求めよ。

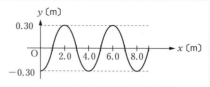

解答

(1) $A = 0.30\,\text{m}$, $\lambda = 4.0\,\text{m}$

(2) $f = 2.0\,\text{Hz}$, $v = 8.0\,\text{m/s}$

リード文check

❶— 谷と山の間の高さではなく，変位 0 から山（谷）までの高さ

❷— 山から山（谷から谷）までの距離

❸— 波が 1 つできるのに要する時間

❹— 1 秒間にできる波の数

■ 波の図の読み取りの基本プロセス **Process**

プロセス 0

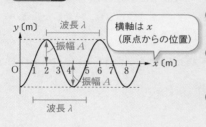

横軸は x
（原点からの位置）

> 波の図には，y-x グラフと y-t グラフがあるので注意！

プロセス 1 横軸の物理量を確認する
（位置 x か時刻 t か）

プロセス 2 横軸が x のとき ⇒ 波長 λ，振幅 A ⎫
横軸が t のとき ⇒ 周期 T，振幅 A ⎭ を読み取る

プロセス 3 「$v = f\lambda$」，「$f = \dfrac{1}{T}$」から速さ v，振動数 f，周期
T を求める

3章 波

解説

(1) **プロセス 1** 横軸の物理量を確認する
（位置 x）

プロセス 2 波長 λ，振幅 A を読み取る

振幅 $A = 0.30\,\text{m}$ ← 変位 0 から山までの高さ

波長 $\lambda = 6.0 - 2.0$
$= 4.0$〔m〕 ← 山から山までの距離

答 $A = 0.30\,\text{m}$,
$\lambda = 4.0\,\text{m}$

(2) **プロセス 3** 「$v = f\lambda$」，「$f = \dfrac{1}{T}$」から速さ v，
振動数 f，周期 T を求める

「$f = \dfrac{1}{T}$」より

$f = \dfrac{1}{0.50}$

$= 2.0$〔Hz〕

「$v = f\lambda$」より

$v = 2.0 \times 4.0$

$= 8.0$〔m/s〕

答 $f = 2.0\,\text{Hz}$, $v = 8.0\,\text{m/s}$

類題 34 正弦波の物理量

(1) 図の波の振幅 A〔m〕，波長 λ〔m〕を求めよ。

(2) この波の振動数が 4.0 Hz であった。この波の
速さ v〔m/s〕，周期 T〔s〕を求めよ。

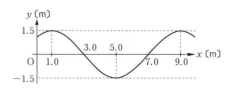

例題 35 　正弦波の物理量

実線の波は右向きに進み，0.15 s 後に初めて_❶破線の波形となった。以下の問いに答えよ。

(1) 波の波長 λ〔m〕，振幅 A〔m〕を求めよ。

(2) 波の速さ v〔m/s〕を求めよ。

(3) 波の振動数 f〔Hz〕，周期 T〔s〕を求めよ。

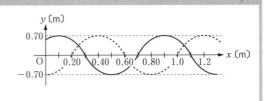

解答

(1) $\lambda = 0.80$ m，$A = 0.70$ m

(2) $v = 2.0$ m/s

(3) $f = 2.5$ Hz，$T = 0.40$ s

リード文check

❶— 実線の $x = 0.10$ m にある山が $x = 0.40$ m に移動しても，$x = 1.2$ m に移動しても破線となる。「初めて」とは，$x = 0.10$ m にある山が，0.15 s 後に $x = 0.40$ m に移動したことを表す

■ 移動する波形の読み取りの基本プロセス　Process

プロセス 0

y〔m〕
波長 λ
Δx — 0.15 s で動いた距離
振幅 A
O 0.10 0.40 x〔m〕

プロセス 1 横軸が x であることを確認する

プロセス 2 波長 λ，振幅 A を読み取り，移動した距離から速さ v を求める

プロセス 3 「$v = f\lambda$」，「$f = \dfrac{1}{T}$」から振動数 f，周期 T を求める

解説

(1) **プロセス 1** 横軸が x であることを確認する

　　プロセス 2 波長 λ，振幅 A を読み取り，移動した距離から速さ v を求める

　答 $\lambda = 0.80$ m ← 山から山までの距離

　　 $A = 0.70$ m ← 変位 0 から山までの高さ

(2) **2** 波が $\Delta t = 0.15$ s 間に進む距離 Δx〔m〕は

$$\Delta x = 0.40 - 0.10$$

← 0.10 m にあった山が 0.40 m の位置まで移動した

$$= 0.30 \text{〔m〕}$$

よって，速さ v は

$$v = \frac{\Delta x}{\Delta t}$$

$$= \frac{0.30}{0.15}$$

$$= 2.0 \text{〔m/s〕} \quad \text{答 } 2.0 \text{ m/s}$$

(3) **プロセス 3** 「$v = f\lambda$」，「$f = \dfrac{1}{T}$」から振動数 f，周期 T を求める

「$v = f\lambda$」より，振動数 f は

$$f = \frac{v}{\lambda}$$

$$= \frac{2.0}{0.80}$$

$$= 2.5 \text{〔Hz〕} \quad \text{答 } f = 2.5 \text{ Hz}$$

「$f = \dfrac{1}{T}$」より，周期 T は

$$T = \frac{1}{f}$$

$$= \frac{1}{2.5}$$

$$= 0.40 \text{〔s〕} \quad \text{答 } T = 0.40 \text{ s}$$

類題 35 　正弦波の物理量

実線の波は右向きに進み，0.30 s 後に初めて破線の波形となった。以下の問いに答えよ。

(1) 波の波長 λ〔m〕，振幅 A〔m〕を求めよ。

(2) 波の速さ v〔m/s〕を求めよ。

(3) 波の振動数 f〔Hz〕，周期 T〔s〕を求めよ。

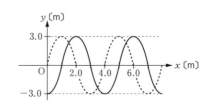

例題 36 波形の作図

$t = 0\,\mathrm{s}$ のとき,右図のような波形をもつ波が,x 軸
正の向きに速さ 2.0 m/s で進んでいる。
(1) 波の波長 λ 〔m〕,振幅 A 〔m〕を求めよ。①
(2) 波の振動数 f 〔Hz〕,周期 T 〔s〕を求めよ。②
(3) 4.5 s 後の波形をかけ。

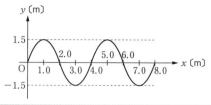

解答

(1) $\lambda = 4.0\,\mathrm{m}$, $A = 1.5\,\mathrm{m}$
(2) $f = 0.50\,\mathrm{Hz}$, $T = 2.0\,\mathrm{s}$ (3) 解説参照

リード文check

❶──1 s 間に 2.0 m 進む
❷──周期 T 〔s〕の度に,波形は同じになる

■ 移動する波形の作図の基本プロセス Process

プロセス 0

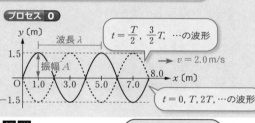

$t = \dfrac{T}{2},\ \dfrac{3}{2}T,\ \cdots$ の波形

$t = 0,\ T,\ 2T,\ \cdots$ の波形

プロセス 1 「$v = f\lambda$」,「$f = \dfrac{1}{T}$」を用いて,周期 T を求める

プロセス 2 経過時間 t を周期 T を用いて表す

プロセス 3 波の移動距離を計算し,図に表す

解説

(1) 答 $\lambda = 4.0\,\mathrm{m}$ ← 山から山までの距離

  $A = 1.5\,\mathrm{m}$ ← 変位 0 m から山までの高さ

(2) **プロセス 1** 「$v = f\lambda$」,「$f = \dfrac{1}{T}$」を用いて,周期 T を求める

波の速さ $v = 2.0\,\mathrm{m/s}$ なので

$f = \dfrac{v}{\lambda} = \dfrac{2.0}{4.0}$

  $= 0.50\,\mathrm{〔Hz〕}$ 答 $f = 0.50\,\mathrm{Hz}$

$T = \dfrac{1}{f} = \dfrac{1}{0.50}$

  $= 2.0\,\mathrm{〔s〕}$ 答 $T = 2.0\,\mathrm{s}$

(3) **プロセス 2** 経過時間 t を周期 T を用いて表す

周期 $T = 2.0\,\mathrm{s}$ より,経過時間 4.5 s は

$4.5 = 2.0 \times 2 + 0.5$ とかける。 ($2T + 0.5$)

つまり,$2T$ の時間経過で同じ波形となり,さらに 0.5 s 波は移動する。

プロセス 3 波の移動距離を計算し,図に表す

0.5 s 間で波が進む距離を Δx 〔m〕とすると

$\Delta x = vt$

  $= 2.0 \times 0.5$

  $= 1.0\,\mathrm{〔m〕}$

波は 4.5 s 後に 1.0 m 右にずれた波形となる。

答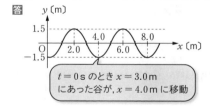

$t = 0\,\mathrm{s}$ のとき $x = 3.0\,\mathrm{m}$
にあった谷が,$x = 4.0\,\mathrm{m}$ に移動

類題 36 波形の作図

$t = 0\,\mathrm{s}$ のとき,右図のような波形をもつ波が,x 軸正の
向きに速さ 2.0 m/s で進んでいる。
(1) 波の波長 λ 〔m〕,振幅 A 〔m〕を求めよ。
(2) 波の振動数 f 〔Hz〕,周期 T 〔s〕を求めよ。
(3) 13 s 後の波形をかけ。

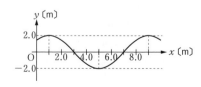

3章 波

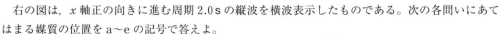

例題 37 縦波と横波

右の図は，x 軸正の向きに進む周期 2.0 s の縦波を横波表示したものである。次の各問いにあてはまる媒質の位置を a〜e の記号で答えよ。

(1) 媒質が最も<u>密・疎</u>になっている点 ❶

(2) 媒質の左向きの変位が最大の点

(3) 媒質の<u>速さが 0 の点</u> ❷

(4) 図から 3.0 s 後に最も密になる点

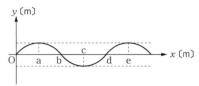

解答

(1) 最も密：b，最も疎：d

(2) c　(3) a, c, e　(4) d

リード文check

❶— 密な部分の中心は，変位が 0 で両側の媒質が寄り集まっている点

❷— 変位が最大となったとき，一度静止し振動の向きが変わる

■ **縦波と横波の基本プロセス** ▶️ Process

プロセス 1 媒質の密度，変位は縦波で考える

　　　　　　媒質の振動の速さ，任意の時刻の変位は横波表示で考える

プロセス 2 媒質の振動の速さは，変位 0 の点で最大，変位の大きさが最大の点で 0 となる

プロセス 3 媒質の振動の速さの向きは，横波表示した図で，わずかに時間経過した図から判断する

解説

(1) **プロセス 1** 媒質の密度，変位は縦波で考える

密・疎の位置を見つけるため，縦波に戻すと，

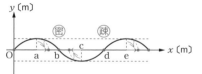

答 最も密：b，最も疎：d

(2) (1)の図より，**答** c

(3) **プロセス 2** 媒質の振動の速さは，変位 0 の点で最大，変位の大きさが最大の点で 0 となる

(1)の図より，**答** a, c, e

(4) **1** 媒質の任意の時刻の変位は横波表示で考える

周期の 2.0 s 後に波形は問題の図と同じになる。残り 1.0 s は，周期 2.0 s の $\frac{1}{2}$ だから，波は $\frac{1}{2}$ 波長だけ進む。よって，3.0 s 後の波形は

1 媒質の密度，変位は縦波で考える

⇓ 縦波に戻すと

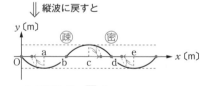

上の図より，**答** d

類題 37 縦波と横波

右の図は，x 軸正の向きに進む周期 4.0 s の縦波を横波表示したものである。次の各問いにあてはまる媒質の位置を a〜i の記号で答えよ。

(1) 媒質が最も密・疎になっている点

(2) 媒質の右向きの変位が最大の点

(3) 媒質の速さが 0 の点

(4) 媒質の速さが左向きに最大の点

(5) 図から 3.0 s 後に最も疎になる点

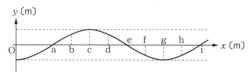

109 [波を表す量] 右図のような振動数 4.0 Hz の正弦波が右向きに進んでいる。この波の振幅，波長，速さ，周期を求めよ。

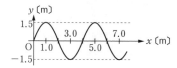

110 [正弦波の物理量] 実線の波は左向きに進み，0.50 s 後に初めて破線の波形となった。以下の問いに答えよ。

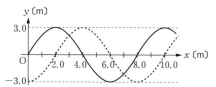

(1) 波の波長 λ [m]，振幅 A [m] を求めよ。

(2) 波の速さ v [m/s] を求めよ。

(3) 波の振動数 f [Hz]，周期 T [s] を求めよ。

111 [縦波と横波] x 軸に沿って正の向きに伝わる疎密波がある。図 (A) は媒質のつりあいの位置を表している。

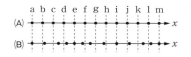

(1) 媒質の各点が，図 (B) のように変位している。この疎密波を横波表示せよ。

(2) 図 (B) の状態において，次の条件にあてはまる点を a〜m から選べ。

① x 軸の正の向きの変位が最大の点 ② 媒質の変位が 0 の点

③ 媒質が最も密な点 ④ 媒質が最も疎な点

⑤ 媒質の振動の速度が 0 の点 ⑥ 媒質の振動の速度が x 軸負の向きに最大の点

112 [位相] 図において，次の条件にあてはまる点を a〜q から選べ。

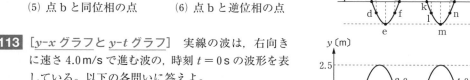

(1) 点 a と同位相の点 (2) 点 a と逆位相の点

(3) 点 c と同位相の点 (4) 点 c と逆位相の点

(5) 点 b と同位相の点 (6) 点 b と逆位相の点

113 [y-x グラフと y-t グラフ] 実線の波は，右向きに速さ 4.0 m/s で進む波の，時刻 $t = 0$ s の波形を表している。以下の各問いに答えよ。

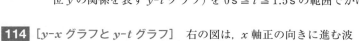

(1) 波の振幅 A [m]，波長 λ [m] を求めよ。

(2) 波の振動数 f [Hz]，周期 T [s] を求めよ。

(3) $x = 0$ m の点における振動のようす（時刻 t と変位 y の関係を表す y-t グラフ）を $0 \text{ s} \leqq t \leqq 1.5 \text{ s}$ の範囲でかけ。

114 [y-x グラフと y-t グラフ] 右の図は，x 軸正の向きに進む波の，$x = 0$ m における振動のようすを表したものである。波の速さを 30 m/s として，以下の問いに答えよ。

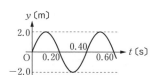

(1) 波の振幅 A [m]，周期 T [s]，振動数 f [Hz] を求めよ。

(2) 波の波長 λ [m] を求めよ。

(3) 時刻 $t = 0$ s における波形（$0 \text{ m} \leqq x \leqq 18 \text{ m}$）をかけ。

▶16 重ねあわせの原理 *superposition principle*

● **確認事項** ● 以下の空欄に適当な語句を入れよ。

1 重ねあわせの原理

● 波の独立性……1 つの媒質に複数の波が重なっても，波は互いに影響することなく伝わる。

● 波の重ねあわせの原理……2 つの波が重なるとき，媒質の変位 y 〔m〕は，それぞれの波の変位 y_1 〔m〕と y_2 〔m〕を足したものになる。

$$y = y_1 + y_2$$

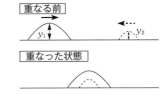

重なる前

2 定常波

● 定常波……波長・振幅の等しい 2 つの正弦波が，互いに逆向きに同じ速さで進み，重なりあったときの合成波。

この合成波は，左右どちらにも動かず，その場で振動する。

● 腹……定常波の最も大きく振動する部分。

● 節……定常波のまったく振動しない部分。

腹と腹（節と節）の間隔は $\dfrac{\lambda}{2}$ である。

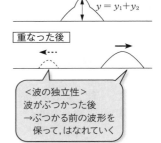

重なった状態

観測される波

$y = y_1 + y_2$

重なった後

<波の独立性>
波がぶつかった後
→ぶつかる前の波形を
保って，はなれていく

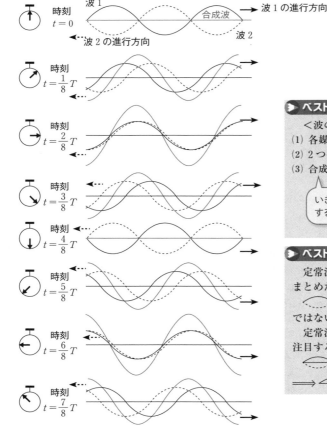

▶ **ベストフィット**

＜波の重ねあわせを考えるときの手順＞
(1) 各媒質の 2 つの波の高さ（変位）を求める
(2) 2 つの波の高さ（変位）を足し，点を打つ
(3) 合成波の点を線で結ぶ

いきなり，合成波を線でかこうとすると，うまくかけないことが多い

▶ **ベストフィット**

定常波は，各時刻の 2 つの波形を 1 つの図にまとめたものである。

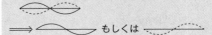 のような波形の波があるわけではない。

定常波の波長を考えるとき，一方の波にのみ注目するとよい。

⟹ ～～～～ もしくは ～～～～

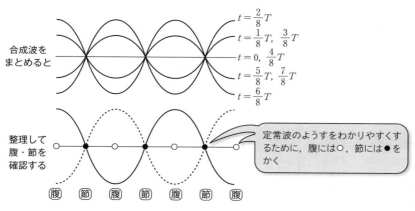

合成波を
まとめると

$t = \frac{2}{8}T$

$t = \frac{1}{8}T, \quad \frac{3}{8}T$

$t = 0, \quad \frac{4}{8}T$

$t = \frac{5}{8}T, \quad \frac{7}{8}T$

$t = \frac{6}{8}T$

整理して
腹・節を
確認する

定常波のようすをわかりやすくするために，腹には○，節には●をかく

| 腹 | 節 | 腹 | 節 | 腹 | 節 | 腹 |

3 波の反射

波は，異なる媒質の境界面で反射する。

● **入射波**……境界面に入る波。

● **反射波**……境界面ではね返る波。

<境界面の種類>

● **自由端**……媒質が自由に動ける端。波は，自由端で向きだけを変え，反射する。

反射の際，位相はずれない

● **固定端**……媒質が固定されて動けない端。固定端の変位は常に 0 である。

反射の際，位相は 180°ずれる

自由端反射・固定端反射とも，入射波と反射波は波長・振幅が同じで，逆向きに同じ速さで進む波である。そのため，合成波は（　　　　　　）となる。
①

$\begin{cases} \text{自由端反射でできる定常波…自由端は（　　　）となる。} \\ \text{固定端反射でできる定常波…固定端は（　　　）となる。} \end{cases}$
②
③

<自由端反射の作図のしかた>

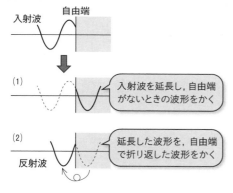

入射波　　自由端

(1) 入射波を延長し，自由端がないときの波形をかく

(2) 延長した波形を，自由端で折り返した波形をかく
反射波

<固定端反射の作図のしかた>

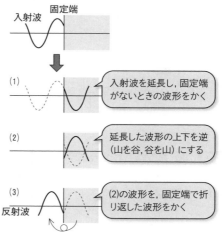

入射波　　固定端

(1) 入射波を延長し，固定端がないときの波形をかく

(2) 延長した波形の上下を逆（山を谷，谷を山）にする

(3) (2)の波形を，固定端で折り返した波形をかく
反射波

（解答）　① 定常波　　② 腹　　③ 節

例題 38 重ねあわせの原理

以下の 2 つの波（実線と破線）が重なっている位置の合成波の波形をかけ。❶

(1)   (2)   (3)   (4)   (5)

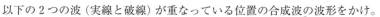

解答

解説参照

リード文check

❶─ 合成波の変位は同じ位置にある 2 つの波の変位の和となる（重ねあわせの原理）

■ 波の重ねあわせの基本プロセス Process

プロセス 1 同じ位置にある 2 つの波の変位をそれぞれ読み取る

プロセス 2 2 つの波の変位の和を求め，点を打つ

プロセス 3 2 で打った点を線で結ぶ

解説

プロセス 1

(1)   (2)   (3)   (4)   (5)

プロセス 2

プロセス 3
答

類題 38 重ねあわせの原理

以下の 2 つの正弦波（実線と破線）の合成波の波形をかけ。

(1) 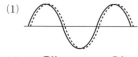   (2) 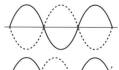   (3)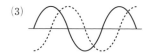

(4)    (5)

1.0 m/s の同じ速さで逆向きに x 軸上を進む 2 つの正弦波がある。図は時刻 $t=0$ s のときの 2 つの波の波形を表し，実線の波は x 軸正の向き，破線の波は x 軸負の向きに進むものとする。

(1) 2 つの波の山と山が，最初に重なる時刻 t 〔s〕を求めよ。

(2) 0 m ≦ x ≦ 10.0 m で，定常波の腹となる位置を答えよ。❶

(3) 定常波の振幅，波長，周期を求めよ。

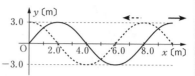

解答

(1) $t=3.0$ s　(2) $x=1.0$, 5.0, 9.0 m

(3) 振幅：6.0 m，波長：8.0 m，周期：8.0 s

リード文check

❶──波長 λ，振幅 A の等しい 2 つの正弦波が同じ速さで逆向きに進むとき，合成波は定常波となる

■ **定常波の基本プロセス** 〉 **Process**

プロセス 1 2 つの波は距離で $\frac{1}{8}\lambda$（時間で $\frac{1}{8}T$）ずつずらして，定常波の波形を考える

プロセス 2 定常波の変位が最大のとき，山や谷となる位置が腹となり，隣りあう腹の中間に節ができる

プロセス 3 定常波の振幅はもとの波の 2 倍，波長・周期は同じである

3章 波

解説

(1) $x=2.0$ m にある実線の山と，$x=8.0$ m にある破線の山は，ともに速さ 1.0 m/s で進みぶつかる。破線の波から見た実線の波の相対速度 v〔m/s〕は

$v=1.0-(-1.0)=2.0$〔m/s〕

2 つの波の山の間の距離 $\varDelta x$〔m〕は

$\varDelta x=8.0-2.0=6.0$〔m〕

よって，2 つの波の山がぶつかる時間 t は

$t=\dfrac{\varDelta x}{v}=\dfrac{6.0}{2.0}$

$\quad=3.0$〔s〕　**答** $t=3.0$ s

(2) **プロセス 1** 定常波の波形を考える

2 つの波の波長は $\lambda=8.0$ m だから，$\dfrac{\lambda}{8}=1.0$ m ずつずらして合成波を考える。

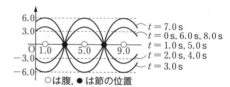

○は腹，●は節の位置

プロセス 2 腹，節の位置を考える

図より，**答** $x=1.0$, 5.0, 9.0 m

(3) **プロセス 3** 振幅は 2 倍，波長・周期は同じ

もとの波の振幅は 3.0 m である。よって，定常波の振幅は　$3.0×2=6.0$〔m〕　**答** 振幅：6.0 m

もとの波の波長は 8.0 m である。定常波の波長も同じなので，**答** 波長：8.0 m

もとの波の周期は 8.0 s である。定常波の周期も同じなので，**答** 周期：8.0 s

類題 39 定常波

右図は，0.30 m/s の同じ速さで x 軸上を逆向きに進む 2 つの正弦波の時刻 $t=0$ s の波形を表している。実線の波は x 軸正の向き，破線の波は x 軸負の向きに進むものとする。

(1) 2 つの波の山と山が，最初に重なる時刻 t〔s〕を求めよ。

(2) 0 m ≦ x ≦ 0.90 m で，定常波の節となる位置を答えよ。

(3) 定常波の振幅，波長，周期を求めよ。

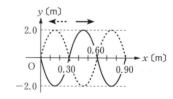

$x = 1.2\,\text{m}$ の位置に y 軸に平行な反射板があり，x 軸上を正の向きに進む正弦波がある。

Ⅰ．反射板が<u>自由端</u>の場合
❶

(1) 図の時刻における反射波と合成波をかけ。

(2) $0\,\text{m} \leqq x \leqq 1.2\,\text{m}$ で，定常波の腹となる位置を答えよ。

Ⅱ．反射板が<u>固定端</u>の場合
❷

(3) 図の時刻における反射波と合成波をかけ。

(4) $0\,\text{m} \leqq x \leqq 1.2\,\text{m}$ で，定常波の節となる位置を答えよ。

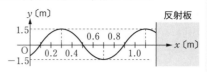

解答

(1) 解説参照　(2) 0，0.40，0.80，1.2 m

(3) 解説参照　(4) 0，0.40，0.80，1.2 m

リード文check

❶—入射波が向きだけを変えて反射する

❷—入射波の位相が 180° ずれ，向きを変えて反射する

■ **波の反射の基本プロセス**　Process

プロセス 1 入射波を延長し，反射板がないときの波形をかく

プロセス 2 固定端の場合 ⇒ 延長した波形の上下を逆にする

　　　　　自由端の場合 ⇒ 何もしない

プロセス 3 2 の波形を反射板で折り返した波形をかく

解説

(1) **プロセス 1** 入射波を延長し，反射板がないときの波形をかく

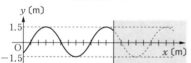

プロセス 2 自由端なので，何もしない

プロセス 3 反射板で折り返した波形をかく

答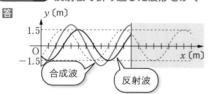

合成波　反射波

(2) (1)の図より，合成波の山，谷となる位置が腹となる。

> 自由端の場合，反射した位置は腹になる

答 $x = 0$，0.40，0.80，1.2 m

(3) **1**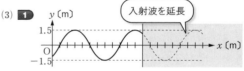

入射波を延長

2

延長した波形の上下を逆にする

3 答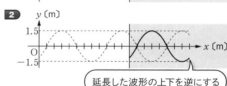

合成波　反射波

(4) (3)の図より，合成波の変位が 0 となる位置が節となる。

> 固定端の場合，反射した位置は節になる

答 $x = 0$，0.40，0.80，1.2 m

類題 40 波の反射

右図は固定端に周期 T の入射波が進行した瞬間である。

(1) このときの反射波，合成波をかけ。

(2) $\dfrac{1}{8}T$ 後の反射波，合成波をかけ。

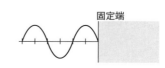

固定端

115 ［パルス波の反射］　図のように，速さ 1.0 m/s で進む
パルス波がある。壁が次のような場合，図の状態から
1.0 秒後，2.0 秒後，3.0 秒後の合成波をそれぞれかけ。
(1) 壁で自由端反射する場合
(2) 壁で固定端反射する場合

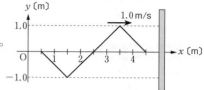

116 ［正弦波の反射］　図のように，x 軸正の向きに進
む正弦波が $x = 10.0$ m にある壁で反射する。波
の速さを 1.0 m/s として，以下の各問いに答えよ。
(1) 壁で波が自由端反射する場合
　① 図から 1.0 秒後の入射波，反射波，合成波
　　の波形をかけ。
　② 図から 1.0 秒後の，$x = 10.0$ m における合成波の変位を求めよ。
　③ 0 m $\leqq x \leqq$ 10.0 m の範囲で，節の数を求めよ。
(2) 壁で波が固定端反射する場合
　① 図から 1.0 秒後の入射波，反射波，合成波の波形をかけ。
　② 図から 1.0 秒後の，$x = 10.0$ m における合成波の変位を求めよ。
　③ 0 m $\leqq x \leqq$ 10.0 m の範囲で，節の数を求めよ。

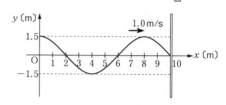

117 ［定常波］　ウェーブマシーンを用いて実験をする
と，右図のような波形の定常波が観測された。①
は $t = 0$ s の波形で，②は $t = 0.50$ s ではじめて各
点の変位の大きさが最大となったときの波形であ
る。a～s は間の距離が 0.10 m で等間隔に並んだ
点である。
(1) a，s は固定端，自由端のいずれかをそれぞれ答えよ。
(2) この定常波の波長 λ〔m〕，周期 T〔s〕，振動数 f〔Hz〕を求めよ。
(3) 腹の位置をすべて答えよ。

118 ［定常波］　右の図は，実線が x 軸正の向きに
0.40 m/s で進む縦波を，破線が x 軸負の向きに
0.40 m/s で進む縦波を，それぞれ横波表示した
ものである。このときの時刻を $t = 0$ s とする。
(1) 合成波を考えるとき，最初に腹の位置の変
　位の大きさが最大となる時刻を求めよ。
(2) 0 m $\leqq x \leqq$ 10.0 m において，定常波の腹となる位置を求めよ。
(3) (1)のとき，$x = 0$ m における振幅を求めよ。
(4) (1)のとき，$x = 2.0$ m における振幅を求めよ。
(5) 0 m $\leqq x \leqq$ 10.0 m において，密度の変化が最大となる位置を求めよ。

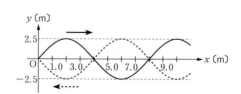

3章
波

▶17 音波，発音体の振動 *sound wave, vibration of sounding body*

音の大きさ，音の高さ

● **確認事項** ● 以下の空欄に適当な語句・数値を入れよ。

1 音波の伝わり方

● 音波……音源の振動により，空気などを媒質として伝わる縦波のこと。

● 音波の速さ V〔m/s〕……空気中を伝わる音波は，気温 t〔℃〕によって速さが変化する。

> 音速　$V = 331.5 + 0.6t$
>
> 気温が高いほど
> 音速は速くなる

2 音の三要素

● 音の三要素……（　①　），（　②　），音色のこと。

- ● 音の大きさ……音波の（　③　）が大きいほど，大きな音になる。
- ● 音の高さ……音波の（　④　）が大きいほど，高い音になる。

  1オクターブ高い音は，振動数が2倍になる。人が聴くことのできる音（可聴音）は約
  20～20000 Hz である。20000 Hz を超える音波を超音波という。

- ● 音色……音波の波形によって変化する。

3 音波の性質 (発展)

音波も波の一般的な性質をもつ。

● 反射……やまびこ。

　<反射の法則>

　波は（入射角）＝（反射角）を満たすように反射する。

> 入射波：境界面に入ってくる波
> 反射波：境界面から出ていく波

● 屈折……晴れた日中は遠くの音が聞こえにくいが，晴れた夜は聞こえやすい。

晴れた日中
（地面に近いほど気温が高い）

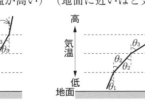

$\theta_1 > \theta_2 > \theta_3 > \theta_4$ となり，
音は鉛直方向に近づくよう
に屈折する

晴れた夜
（地面に近いほど気温が低い）

$\theta_1 < \theta_2 < \theta_3 < \theta_4$ となり，
音は水平方向に近づくよう
に屈折する

> <屈折の法則>
> 波の伝わる速
> さが異なる境
> 界面では
>
>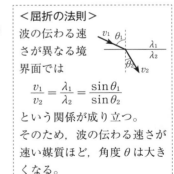
>
> $$\frac{v_1}{v_2} = \frac{\lambda_1}{\lambda_2} = \frac{\sin\theta_1}{\sin\theta_2}$$
>
> という関係が成り立つ。
> そのため，波の伝わる速さが
> 速い媒質ほど，角度 θ は大き
> くなる。

● 回折……塀や壁の向こうの音が聞こえる。

● 干渉……2つのスピーカーから出た同じ振動数の音は，強め合って音がよく聞こえる場所と，
弱め合ってほとんど聞こえない場所がある。

(解答)　① 大きさ　② 高さ　（← ①と②は順不同）　③ 振幅　④ 振動数

4 うなり

●**うなり**……振動数がわずかに異なる音を同時に聴くと，音が周期的に大きくなったり，小さくなったりして聞こえる現象。

●**うなりの回数 f**……振動数 f_1〔Hz〕と f_2〔Hz〕の2つの音波によってうなりが発生しているとき，1秒間に観測されるうなりの回数 f は次式で表される。

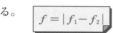

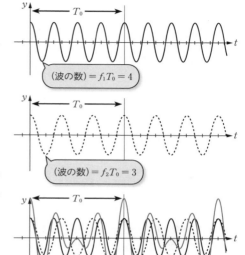

（波の数）$= f_1 T_0 = 4$

（波の数）$= f_2 T_0 = 3$

（合成波の数）$= |f_1 T_0 - f_2 T_0| = 1$

●**うなりの式の導出**●

　振動数 f_1〔Hz〕，f_2〔Hz〕の2つの音波が重なり，1度強め合ってからもう1度強め合うまでの時間を T_0〔s〕とする。

振動数 f_1 の音波では，T_0 秒間の波の数は $f_1 T_0$
振動数 f_2 の音波では，T_0 秒間の波の数は $f_2 T_0$

よって　$|f_1 T_0 - f_2 T_0| = 1$

$$|f_1 - f_2| = \frac{1}{T_0}$$

そこで，合成波の振動数を $f\left(= \dfrac{1}{T_0}\right)$ とおくと

$$f = |f_1 - f_2| \quad となる。$$

5 弦の固有振動

●**固有振動**……定常波となる振動。

- 基本振動；もっとも振動数が小さい（もっとも波長が大きい）固有振動
- 2倍振動；基本振動の2倍の（　　　　　　　　）をもつ固有振動　⑤
- 3倍振動；基本振動の（　　）倍の振動数をもつ固有振動　⑥
- ⋮

	弦の固有振動の様子	波長	固有振動数
基本振動	$\dfrac{\lambda_1}{2}$ が 1 個の振動	$\lambda_1 = l \times 2$	$f_1 = \dfrac{v}{\lambda_1} = \dfrac{v}{2l}$
2 倍振動	$\dfrac{\lambda_2}{2}$ が 2 個の振動	$\lambda_2 = \dfrac{l}{2} \times 2$	$f_2 = \dfrac{v}{\lambda_2} = \dfrac{2v}{2l} = 2f_1$
3 倍振動	$\dfrac{\lambda_3}{2}$ が 3 個の振動	$\lambda_3 = \dfrac{l}{3} \times 2$	$f_3 = \dfrac{v}{\lambda_3} = \dfrac{3v}{2l} = 3f_1$
⋮	⋮	⋮	⋮
n 倍振動（n は自然数）	$\dfrac{\lambda_n}{2}$ が n 個の振動	$\lambda_n = \dfrac{l}{n} \times 2$	$f_n = \dfrac{v}{\lambda_n} = \dfrac{nv}{2l} = nf_1$

（図中の○は腹，●は節の位置を示す）

解答　⑤　振動数　　⑥　3

6 気柱の固有振動

● 閉管……片方が閉じている管。

● 開管……両方が開いている管。

＊管の開いている側では，空気が自由に振動できるため，定常波の（⑦　）となる。

＊管の閉じている側では，空気が自由に振動できないため，定常波の（⑧　）となる。

＜閉管の場合＞

	気柱の固有振動の様子	波長	固有振動数
基本振動	$\dfrac{\lambda_1}{4}$ が 1 個の振動	$\lambda_1 = l \times 4$	$f_1 = \dfrac{v}{\lambda_1} = \dfrac{v}{4l}$
3 倍振動	$\dfrac{\lambda_3}{4}$ が 3 個の振動	$\lambda_3 = \dfrac{l}{3} \times 4$	$f_3 = \dfrac{v}{\lambda_3} = \dfrac{3v}{4l} = 3f_1$
5 倍振動	$\dfrac{\lambda_5}{4}$ が 5 個の振動	$\lambda_5 = \dfrac{l}{5} \times 4$	$f_5 = \dfrac{v}{\lambda_5} = \dfrac{5v}{4l} = 5f_1$
⋮	⋮	⋮	⋮
m 倍振動 (m は奇数)	$\dfrac{\lambda_m}{4}$ が m 個の振動	$\lambda_m = \dfrac{l}{m} \times 4$	$f_m = \dfrac{v}{\lambda_m} = \dfrac{mv}{4l} = mf_1$

（図中の○は腹，●は節の位置を示す）

＜開管の場合＞

	気柱の固有振動の様子	波長	固有振動数
基本振動	$\dfrac{\lambda_1}{2}$ が 1 個の振動	$\lambda_1 = l \times 2$	$f_1 = \dfrac{v}{\lambda_1} = \dfrac{v}{2l}$
2 倍振動	$\dfrac{\lambda_2}{2}$ が 2 個の振動	$\lambda_2 = \dfrac{l}{2} \times 2$	$f_2 = \dfrac{v}{\lambda_2} = \dfrac{2v}{2l} = 2f_1$
3 倍振動	$\dfrac{\lambda_3}{2}$ が 3 個の振動	$\lambda_3 = \dfrac{l}{3} \times 2$	$f_3 = \dfrac{v}{\lambda_3} = \dfrac{3v}{2l} = 3f_1$
⋮	⋮	⋮	⋮
n 倍振動 (n は自然数)	$\dfrac{\lambda_n}{2}$ が n 個の振動	$\lambda_n = \dfrac{l}{n} \times 2$	$f_n = \dfrac{v}{\lambda_n} = \dfrac{nv}{2l} = nf_1$

（図中の○は腹，●は節の位置を示す）

> ▶ ベストフィット
>
> 弦の振動や気柱の振動を考えるとき，基本振動の状態を基準にするとわかりやすい。
>
> ＜弦の振動＞ 　両端はともに節　⇒ 節から節の長さ $\dfrac{\lambda}{2}$ を基準に考える
>
> ＜閉管の振動＞ 　一方は腹，もう一方は節　⇒ 腹から節の長さ $\dfrac{\lambda}{4}$ を基準に考える
>
> ＜開管の振動＞ 　両端はともに腹　⇒ 腹から腹の長さ $\dfrac{\lambda}{2}$ を基準に考える

解答 　⑦ 腹　　⑧ 節

振動数 500 Hz のおんさ A と，振動数のわからないおんさ B を同時に鳴らすと，<u>毎秒 3 回のうな</u>りを観測した。次におんさ A に<u>輪ゴムを巻きつけ</u>，再度おんさ B と同時に鳴らすと，毎秒 1 回の
❶
❷
うなりを観測した。おんさ B の振動数 f_B〔Hz〕を求めよ。

解答

$f_B = 497$ Hz

リード文check

❶─ 2 つのおんさの振動数の差が 3 Hz

❷─ おんさにものをつけると，振動数は小さくなる

■ **うなりの基本プロセス** ▶Process

プロセス 0

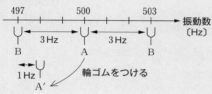

プロセス 1 2 つの物体の振動数を数値または記号で表す

プロセス 2 うなりの式「$f = |f_1 - f_2|$」を用いる

プロセス 3 <u>絶対値をはずして，題意にあった値を求める</u>

問題文の意味のこと

3章
波

解説

プロセス 1 2 つの物体の振動数を数値または記号で表す

おんさ A の振動数は　$f_A = 500$ Hz

おんさ B の振動数を f_B〔Hz〕，輪ゴムをつけたおんさ A の振動数を $f_A{}'$〔Hz〕とする。

プロセス 2 うなりの式「$f = |f_1 - f_2|$」を用いる

おんさ A とおんさ B のうなりについて，

「$f = |f_1 - f_2|$」より

　　$3 = |500 - f_B|$　……①

輪ゴムをつけたおんさ A とおんさ B のうなりについて，「$f = |f_1 - f_2|$」より

　　$1 = |f_A{}' - f_B|$　……②

プロセス 3 絶対値をはずして，題意にあった値を求める

①より，$f_B = 497$〔Hz〕　または　503〔Hz〕

おんさに輪ゴムをつけると，振動数は小さくなるので，

　　$f_A{}' < f_A = 500$ Hz　……③

ここで，$f_B = 503$ Hz とすると，②より

　　$f_A{}' = 502$〔Hz〕　または　504〔Hz〕

となり，③を満たさない。よって

　　$f_B = 497$ Hz　　**答** $f_B = 497$ Hz

類題 41 うなり

振動数 450 Hz のおんさが 2 つある。一方のおんさに針金を巻きつけて，同時に鳴らすと毎秒 4 回のうなりが聞こえた。針金を巻きつけたおんさの振動数を求めよ。

振動数 60 Hz のおんさを用いて弦を振動させると，図のように腹が 1 つの定常波ができた。おんさと滑車の間の距離が 2.0 m であるとする。
❶
(1) 弦を伝わる波の波長 λ〔m〕と，速さ v〔m/s〕を求めよ。
❷
(2) おんさと滑車の間の距離を変えずに，おんさの振動数を変えて，腹が 2 個の定常波をつくりたい。おんさの振動数 f〔Hz〕を求めよ。

解答

(1) $\lambda = 4.0$ m，$v = 2.4 \times 10^2$ m/s

(2) $f = 1.2 \times 10^2$ Hz

リード文check

❶—弦にできる定常波は，必ず両端が節になる

❷—波 1 つ分の長さなので，山と谷が 1 つずつ含まれる

■ **弦の固有振動の基本プロセス** Process

プロセス 1 定常波の図をかく

プロセス 2 図から波長 λ を，弦の長さを用いて表す

プロセス 3 「$v = f\lambda$」，「$f = \dfrac{1}{T}$」を用いて，必要な物理量を求める

解説

(1) **プロセス 1** 定常波の図をかく

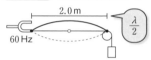

プロセス 2 図から波長 λ を，弦の長さを用いて表す

$\dfrac{1}{2}$ 波長が，弦の長さ 2.0 m に等しいから

$\dfrac{1}{2}\lambda = 2.0$

$\lambda = 4.0$〔m〕　　**答** $\lambda = 4.0$ m

プロセス 3 「$v = f\lambda$」，「$f = \dfrac{1}{T}$」を用いて，必要な物理量を求める

「$v = f\lambda$」より

$v = 60 \times 4.0 = 2.4 \times 10^2$〔m/s〕

答 $v = 2.4 \times 10^2$ m/s

(2) **❶**

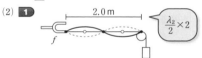

❷ このとき弦を伝わる波の波長を λ_2〔m〕とする。$\dfrac{1}{2}$ 波長の 2 倍が，弦の長さ 2.0 m に等しいから

$\dfrac{1}{2}\lambda_2 \times 2 = 2.0$

$\lambda_2 = 2.0$〔m〕

❸ 「$v = f\lambda$」より

$f = \dfrac{v}{\lambda_2} = \dfrac{2.4 \times 10^2}{2.0} = 1.2 \times 10^2$〔Hz〕

答 $f = 1.2 \times 10^2$ Hz

類題 42 弦の固有振動

あるおんさを用いて 6.0 m の弦を振動させると，図のように腹が 3 つの定常波ができた。このとき，弦を伝わる波の速さは 6.0 × 10² m/s で一定である。

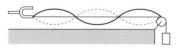

(1) 弦を伝わる波の波長 λ_1〔m〕と，おんさの振動数 f_1〔Hz〕を求めよ。

(2) 弦の長さを変えずに，おんさの振動数を変えると，腹が 4 個の定常波ができた。波長 λ_2〔m〕と，おんさの振動数 f_2〔Hz〕を求めよ。

(3) 弦の長さを 4.5 m にすると，腹が 6 個の定常波ができた。このとき，弦を伝わる波の波長 λ_3〔m〕と，おんさの振動数 f_3〔Hz〕を求めよ。

例題 43 閉管の固有振動

図のような装置を用いて実験をした。おんさで一定の振動数の音を鳴らしながら，管口から水面を下げていくと，管口と水面の間の距離が 21.0 cm と 63.0 cm のとき共鳴した。音速を 336 m/s として以下の問いに答えよ。ただし，開口端補正は考えなくてよい。

(1) 音の波長 λ〔cm〕，おんさの振動数 f〔Hz〕を求めよ。

(2) 水面を 63.0 cm から下げていって次に共鳴するときの，管口と水面の間の距離 l〔cm〕を求めよ。

解答

(1) $\lambda = 84.0$ cm, $f = 400$ Hz

(2) $l = 105.0$ cm

リード文check

❶─ 空気が自由に振動できるので，自由端となる

❷─ 空気が自由に振動できないので，固定端となる

❸─ 管内で定常波が発生。自由端 ⇒ 腹となる。固定端 ⇒ 節となる

■ 閉管の固有振動の基本プロセス Process

プロセス 1 管口が腹，水面が節となる定常波をかく

プロセス 2 節と節の間の距離が $\frac{1}{2}$ 波長（腹と節の間の距離が $\frac{1}{4}$ 波長）であることを用いて，波長を求める

プロセス 3 「$v = f\lambda$」，「$f = \frac{1}{T}$」を用いて，必要な物理量を求める

> 管口の位置が必ず腹になるとは限らないので，節から節までの距離がわかるときは，$\frac{1}{2}\lambda$ を基準に考える。

解説

(1) **プロセス 1** 管口が腹，水面が節となる定常波をかく

プロセス 2 波長を求める

節から節までの距離 $\left(\frac{1}{2}\lambda\right)$ は

$$\frac{1}{2}\lambda = 63.0 - 21.0$$

$$= 42.0 \text{〔cm〕}$$

よって，波長 λ は

$\lambda = 2 \times 42.0 = 84.0$〔cm〕　**答** $\lambda = \mathbf{84.0}$ cm

プロセス 3 「$v = f\lambda$」，「$f = \frac{1}{T}$」を用いて，必要な物理量を求める

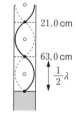

速さ $v = 336$ m/s だから，「$v = f\lambda$」より

$$f = \frac{v}{\lambda} = \frac{336}{0.840} = 400 \text{〔Hz〕}$$

答 $f = \mathbf{400}$ **Hz**

(2) ❶ 水面が 63.0 cm からさらに $\frac{1}{2}\lambda$ 下がると共鳴する。

$\frac{1}{2}\lambda = 42.0$ cm だから

$l = 63.0 + 42.0$

$= 105.0$〔cm〕

答 $l = \mathbf{105.0}$ cm

類題 43 閉管の固有振動

気柱共鳴管の管口近くで，スピーカーから振動数 950 Hz の音を出して実験をした。管口から水面を徐々に下げていくと，管口から水面までの距離が 9.0 cm と 27.0 cm のときに共鳴した。

(1) 音波の波長 λ_1〔m〕，音速 v〔m/s〕を求めよ。

(2) 管口から水面までの距離を 27.0 cm で固定し，スピーカーから出る音の振動数を徐々に高くしていくと，一度音が小さくなり，再度共鳴した。このときのスピーカーから出る音の波長 λ_2〔m〕と振動数 f_2〔Hz〕を求めよ。

3章

波

例題 44 開管の固有振動

図のように，筒を出し入れすることで長さを変えることのできる管がある。スピーカーからある振動数の音を出し，管の長さを 34.0 cm にしたとき，<u>基本振動</u>が観測された。音速を 340 m/s とし，<u>開口端補正</u>は無視する。
❶
❷

(1) この音波の波長 λ_1〔cm〕，振動数 f_1〔Hz〕を求めよ。

(2) (1)と同じ振動数の音を出しながら管を伸ばしていくと，一度音は小さくなり，その後再び共鳴した。このときの管の長さ l〔cm〕を求めよ。

(解答)

(1) $\lambda_1 = 68.0$ cm，$f_1 = 500$ Hz

(2) $l = 68.0$ cm

リード文check

❶─波長の最も長い（振動数が最も小さい）振動
　　開管の場合，管内に節が1つの定常波

❷─はみ出した定常波の腹から管口までの距離。この問題では，これを無視するとあるので，定常波の腹は管口の位置となる

■ 開管の固有振動の基本プロセス　**Process**

プロセス 1 両方の管口が腹になる定常波をかく

プロセス 2 腹と腹の間の距離が $\frac{1}{2}$ 波長であることを用いて，波長を求める

プロセス 3 「$v = f\lambda$」，「$f = \frac{1}{T}$」を用いて，必要な物理量を求める

解説

(1) **プロセス 1** 両方の管口が腹になる定常波をかく

プロセス 2 腹と腹の間の距離が $\frac{1}{2}$ 波長であることを用いて，波長を求める

腹から腹までの長さ $\left(\frac{1}{2}\lambda_1\right)$ が，管の長さに等しいから

$$\frac{1}{2}\lambda_1 = 34.0$$

$$\lambda_1 = 68.0 \text{〔cm〕}$$ 　答 $\lambda_1 = 68.0$ cm

プロセス 3 「$v = f\lambda$」，「$f = \frac{1}{T}$」を用いて，必要な物理量を求める

音速は $v = 340$ m/s なので，「$v = f\lambda$」より

$$f_1 = \frac{v}{\lambda_1} = \frac{340}{0.680} = 500 \text{〔Hz〕}$$

答 $f_1 = 500$ Hz

(2) ❶ 図より管の長さは，
❷ 波長 λ_1 に等しい。
答 $l = 68.0$ cm

類題 44 開管の固有振動

図のように，長さを変えることができる管がある。管の長さを 36.0 cm にし，スピーカーから 950 Hz の音を出すと，節が2つの定常波ができた。

(1) この音波の波長 λ_1〔m〕，音速 v〔m/s〕を求めよ。

(2) 同じ振動数の音を出しながら管を伸ばしていくと，一度音が小さくなり，その後再び共鳴した。このときの管の長さ l〔m〕を求めよ。

(3) 管の長さを(2)の l で固定し，スピーカーから出す音の振動数を徐々に大きくしていくと，一度音は小さくなり，その後再び共鳴した。このときの音波の波長 λ_2〔m〕と，スピーカーから出ている音の振動数 f_2〔Hz〕を求めよ。

119 [音速] 次の問いに答えよ。

(1) 気温が 20℃ のときの音速 V〔m/s〕を求めよ。

(2) 音速が 350.7〔m/s〕のときの気温 t〔℃〕を求めよ。

120 [うなり] 次の問いに答えよ。

(1) 振動数 600 Hz のおんさと 597 Hz のおんさを同時に鳴らすとき，1 秒間に観測されるうなりの回数 f を求めよ。

(2) あるおんさ A を，500 Hz のおんさ B と同時に鳴らすと，毎秒 3 回のうなりが聞こえた。また，おんさ A を 505 Hz のおんさ C と同時に鳴らすと，毎秒 2 回のうなりが聞こえた。おんさ A の振動数 f_A〔Hz〕を求めよ。

121 [弦の固有振動] 振動数 3.5×10^2 Hz のおんさに弦をつけ，弦の反対側には滑車を通しておもりをつけた。弦 AB の長さを 0.60 m とし，おんさを振動させると，腹が 4 個の定常波が生じた。

(1) 弦を伝わる波の波長 λ_1〔m〕，速さ v_1〔m/s〕を求めよ。

(2) 腹が 5 個の定常波をつくるためには，AB の長さ l〔m〕をいくらにすればよいか。

(3) 弦を引く力が大きいほど，弦を伝わる波の速さは速くなることがわかっている。弦の長さを 0.60 m にし，おもりの重さを徐々に大きくしていくと，一度定常波が消え，再度現れた。このとき，弦を伝わる波の波長 λ_2〔m〕，速さ v_2〔m/s〕を求めよ。

122 [閉管の固有振動] 図のような装置を用いて実験をした。スピーカーで振動数 600 Hz の音を鳴らしながら，管口から水面を下げていくと，管口から 13.5 cm，41.5 cm の位置で共鳴が観察された。開口端補正（管口に最も近い腹と管口の間の距離）は常に一定とする。

(1) この音の波長 λ〔cm〕，開口端補正 Δx〔cm〕を求めよ。

(2) 音速 V〔m/s〕を求めよ。

(3) 管口と水面の間の距離を 41.5 cm に固定し，スピーカーから出る音の振動数を徐々に上げていった。次に共鳴したときの波長 λ'〔cm〕，振動数 f'〔Hz〕を求めよ。

123 [開管の固有振動] 図のように，管を出し入れすることで長さを変えることのできる管がある。長さが 158 cm のときにスピーカーから音を出すと，管内には節が 4 つの定常波が生じた。その後，管を徐々に短くしていくと，次に 118 cm で共鳴した。音速を 340 m/s，開口端補正は両開口で等しいとして，以下の各問いに答えよ。

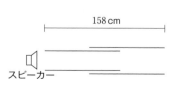

(1) 管内の音波の波長 λ〔cm〕，振動数 f〔Hz〕，開口端補正 Δx〔cm〕を求めよ。

(2) 管の長さを 118 cm にし，スピーカーの振動数を徐々に小さくしていった。次に共鳴するときの音波の波長 λ'〔cm〕，振動数 f'〔Hz〕を求めよ。

▶**18** 静電気，電流　*static electricity, electric current*

● **確認事項** ● 以下の空欄に適当な語句・数値を入れよ。

1 帯電と静電気力

● 帯電……物体が摩擦などによって電気をもつようになること。

● 電荷……帯電した物体がもつ電気。特に，摩擦で物体から物体へ移った電荷を摩擦電気と呼ぶ。

● 電気量……電荷の量。単位は〔C〕で，（　　①　　）と読む。

● 静電気力……電荷どうしが及ぼしあう力。同種の電荷どうしでは反発力（斥力），異種の電荷どうしでは引力となる。

ex

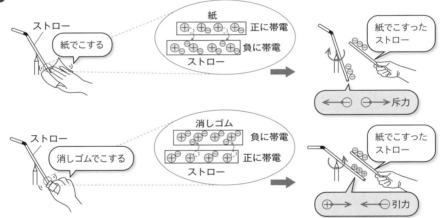

▶ ベストフィット

「物体が帯電していない状態」とは
「＋と－の電荷を同じ量持っている状態」のこと

2 導体・不導体・半導体

● 導体……電気を通しやすい物質のこと。金属はすべて導体であり，内部で自由に動きまわれる電子をもつ。この電子を（　　②　　）と呼ぶ。

● 不導体……電気を通しにくい物質のこと。内部の電子は原子をはなれて動きまわることができない。つまり，（　　②　　）をもたない。　（例）アクリル，ガラスなど

● 半導体……電気の通しやすさが導体と不導体の中間程度の物質のこと。

（例）ゲルマニウム Ge，（　　③　　）Si など

解答　① クーロン　② 自由電子　③ ケイ素（シリコン）

3 電流と電気量

- 電流 I 〔A〕……電荷の流れ。電流の向きは、「正の電荷が移動する向き」と定義される。したがって、導線に電流が流れるとき、その向きは自由電子が移動する向きと（　　　）向きである。
④

- 電流と電気量……導体内を I 〔A〕の電流が t 〔s〕間流れるとき、導体の断面を通過する電気量 Q 〔C〕は次式で表される。

断面　電流 I

$$Q = It$$
（電気量〔C〕）＝（電流〔A〕）×（時間〔s〕）

〔A〕は、〔C〕と〔s〕を使って定義できる。
〔A〕＝〔C〕÷〔s〕
　　＝〔C/s〕

ex 1A の電流が 1 秒間流れると、1 C の電気量が運ばれる。
1A の電流が 2 秒間流れると、（　　　）C の電気量が運ばれる。
⑤

4 電子の速さと電流

- 電気素量 e 〔C〕……電子 1 個がもつ電気量〔C〕の絶対値。具体的には、$e = 1.6 \times 10^{-19}$ C である。電子の電気量は $-e$ 〔C〕と表現することが多い。また、導体の断面を電子が N 個通過したとき、通過した電気量の大きさ Q 〔C〕は次式で表される。

$$Q = eN$$

発展 ●自由電子の速さと電流……電気量 $-e$ 〔C〕の自由電子が、一定の速さ v 〔m/s〕で導体内を運動しているものとする。導体の断面積を S 〔m²〕、導体内の自由電子の個数密度を n 〔個/m³〕とすると、電流 I 〔A〕は次式で表される。

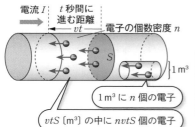

電流 I 　t 秒間に進む距離 　vt 　電子の個数密度 n

S

1 m³

1 m³ に n 個の電子

vtS 〔m³〕の中に $nvtS$ 個の電子

$$I = envS$$
（電流〔A〕）＝（電気量の大きさ〔C〕）×（個数密度〔個/m³〕）
×（速さ〔m/s〕）×（断面積〔m²〕）

発展 ●式の導出●

　電気量 $-e$ 〔C〕の自由電子が、断面を t 秒間で N 個通過したとする。
　通過した電気量の大きさは $Q = eN$ 〔C〕である。「$Q = It$」より

$$eN = It \quad \cdots\cdots①$$

断面積 S 〔m²〕の断面を t 秒間で通過する自由電子は、体積 $V = vtS$ 〔m³〕の中に含まれている。個数密度が n 〔個/m³〕であるから、

$$N = nV = nvtS$$

①に代入すると　$envtS = It$

$$envS = I$$

よって　$I = envS$

---

4 章
電気

図のように，断面積 $S = 1.0 \times 10^{-6} \, \text{m}^2$ の銅でできた導線に，$I = 3.2 \, \text{A}$ の電流が流れている。ただし，銅の自由電子の個数密度は 8.5×10^{28} 個/m^3，電子の電気量は
❶   ❷
$-1.6 \times 10^{-19} \, \text{C}$ とする。

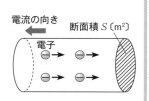

(1) この導線の断面を，1分間で通過する電気量の大きさは何 C か。

(2) この導線の断面を，1分間で通過する自由電子の個数はいくらか。

(発展)(3) 自由電子の移動する速さはいくらか。

(解答)

(1) $1.9 \times 10^2 \, \text{C}$　(2) 1.2×10^{21} 個

(3) $2.4 \times 10^{-4} \, \text{m/s}$

リード文check

❶── 自由電子は各原子間を自由に移動できる電子

❷── 単位体積中（$1 \, \text{m}^3$）に入っている粒子の個数

■ 電流，電気量，自由電子の速さの**基本プロセス** Process

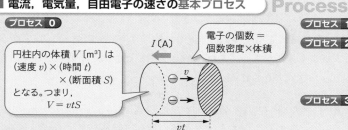

プロセス **1** 物理量を文字で表す

プロセス **2** 「$Q = It$」，「$I = envS$」を用いて，求めたい物理量を式で表す

プロセス **3** 数値を代入する

プロセス **0**

円柱内の体積 $V \, [\text{m}^3]$ は
（速度 v）×（時間 t）
×（断面積 S）
となる。つまり，
$V = vtS$

電子の個数 ＝
個数密度×体積

解説

(1) プロセス **1** 物理量を文字で表す

　電流が流れる時間は $t = 60 \, \text{s}$ である。求める電気量を $Q \, [\text{C}]$ とする。

プロセス **2** 「$Q = It$」，「$I = envS$」を用いて，求めたい物理量を式で表す

プロセス **3** 数値を代入する

　「$Q = It$」より
$$Q = It = 3.2 \times 60$$

（1分 = 60秒）

$$= 192 = 1.92 \times 10^2 \, [\text{C}]$$
答 $1.9 \times 10^2 \, \text{C}$

(2) 求める電子の個数を $N \, [\text{個}]$ とする。電気素量は $e = 1.6 \times 10^{-19} \, \text{C}$ なので，「$Q = eN$」より

$$N = \frac{Q}{e} = \frac{192}{1.6 \times 10^{-19}}$$

$$= 120 \times 10^{19}$$

$$= 1.2 \times 10^{21}$$
答 1.2×10^{21} 個

(3) **1** 自由電子の個数密度は $n = 8.5 \times 10^{28}$ 個/m^3 である。求める速さを $v \, [\text{m/s}]$ とする。

2 「$I = envS$」より

$$v = \frac{I}{enS}$$

3
$$= \frac{3.2}{1.6 \times 10^{-19} \times 8.5 \times 10^{28} \times 1.0 \times 10^{-6}}$$

$$= \frac{3.2}{1.6 \times 8.5} \times 10^{19 - 28 + 6}$$

$$= 0.235 \times 10^{-3}$$

$$\fallingdotseq 2.4 \times 10^{-4} \, [\text{m/s}]$$
答 $2.4 \times 10^{-4} \, \text{m/s}$

類題 **45** 金属中の自由電子

　金属 Na でできた，断面積 $S = 4.0 \times 10^{-6} \, \text{m}^2$ の導線に，$I = 7.8 \, \text{A}$ の電流が流れている。Na の自由電子の個数密度は 2.5×10^{28} 個/m^3，電子の電気量は $-1.6 \times 10^{-19} \, \text{C}$ であるとする。

(1) この導線の断面を，1分間で通過する電気量の大きさは何 C か。

(2) この導線の断面を，1分間で通過する自由電子の個数はいくらか。

(発展)(3) 自由電子の移動する速さはいくらか。

124 [帯電と静電気力] 次の文中の（　）に適する語を入れよ。

　　帯電している物体間には，静電気力がはたらく。この力は，異種の電荷の間では（　ア　）力がはたらき，（　イ　）の電荷の間では反発力がはたらく。

　　塩化ビニルのパイプをティッシュペーパーでこすると，電子の移動が起こる。電子を得たパイプは（　ウ　）に帯電し，電子を失ったティッシュペーパーは（　エ　）に帯電する。

125 [導体・不導体・半導体] 次の文中の（　）に適する語を入れよ。

　　金属はすべて（　ア　）である。金属内には（　イ　）が存在するため，電気を通しやすい。逆に（イ）が存在しない物質は，電気を通しにくいので，（　ウ　）と呼ばれる。ケイ素 Si やゲルマニウム Ge などの物質は，電気の通しやすさが（ア）と（ウ）の中間程度なので，（　エ　）と呼ばれる。

126 [帯電と電子の移動] 塩化ビニルのパイプをティッシュペーパーでこすったところ，パイプに -4.8×10^{-8} C の電荷が生じた。次の問いに答えよ。
(1) 電子はどちらからどちらに移動したか。
(2) 移動した電子の個数はいくらか。ただし，電気素量を 1.6×10^{-19} C とする。

127 [電気量と電子の個数] 導線に 1.0 A の電流が流れているとき，その断面を 1.0 秒間に通過する電子の個数はいくらか。
　　ただし，電気素量を 1.6×10^{-19} C とする。

128 [電気素量] 導線に 2.0 A の電流を 10 分間流した。次の問いに答えよ。
(1) この 10 分間に，導線の断面を通って運ばれた電気量の大きさは何 C か。
(2) この 10 分間で 7.5×10^{21} 個の電子が導線の断面を通ったとするとき，電気素量は何 C か。

129 [自由電子が運ぶ電気量] 図は，断面積 S〔m^2〕の銅線に I〔A〕の電流が流れている様子を表したものである。ただし，銅の自由電子の個数密度は n〔個/m^3〕，電気素量は e〔C〕である。このとき，次の問いに答えよ。
(1) この銅線を通して，t 秒間に運ばれる電気量の大きさは何 C か。
(2) この銅線の断面を t 秒間に通過する自由電子の数 N はいくらか。
(発展) (3) 自由電子の移動する速さはいくらか。

電流の向き　断面積 S〔m^2〕

電子

4章
電気

▶19 電気抵抗 *electric resistance*

■中学までの復習■

・抵抗を流れる電流の大きさと電圧の大きさは（　　　）関係にある。

解答
比例

● 確認事項 ●

1 オームの法則

電圧 V
抵抗 R
→電流 I

抵抗値 R〔Ω〕の抵抗に，I〔A〕の電流が流れるとき，抵抗の両端の電圧 V〔V〕は次式で表される。

$$V = RI$$
（電圧〔V〕）=（抵抗〔Ω〕）×（電流〔A〕）

2 抵抗の接続

●合成抵抗……複数の抵抗を接続したとき，同じはたらきをする1つの抵抗のこと。もしくはその抵抗値〔Ω〕。

●直列接続の合成抵抗

右図の点 ab 間で同じはたらきをする1つの抵抗（合成抵抗）を考えると，その抵抗値 R〔Ω〕は次式で表される。

合成抵抗 R
a R_1 R_2 b

$$R = R_1 + R_2$$

●式の証明●

電源の起電力を V〔V〕，抵抗にかかる電圧をそれぞれ V_1〔V〕，V_2〔V〕，流れる電流を I〔A〕とする。
オームの法則より，

$V = V_1 + V_2$
$\quad = R_1 I + R_2 I$
$\quad = (R_1 + R_2)I$

R とみなすと $V = RI$ の形

a V_1 R_1 V_2 R_2 b
→I →I
V

a V R b
→I
V

●並列接続の合成抵抗

右図の点 ab 間で同じはたらきをする1つの抵抗（合成抵抗）を考えると，その抵抗値 R〔Ω〕は次式で表される。

合成抵抗 R
a R_1 R_2 b

$$\frac{1}{R} = \frac{1}{R_1} + \frac{1}{R_2}$$

●式の証明●

電源の起電力を V〔V〕，抵抗に流れる電流をそれぞれ I_1〔A〕，I_2〔A〕とする。
オームの法則より，

$$I_1 = \frac{V}{R_1}, \quad I_2 = \frac{V}{R_2}$$

回路全体を流れる電流を I〔A〕とすると，

$I = I_1 + I_2$
$\quad = \dfrac{V}{R_1} + \dfrac{V}{R_2}$
$\quad = \left(\dfrac{1}{R_1} + \dfrac{1}{R_2}\right)V$

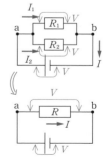

$\dfrac{1}{R}$ とみなすと $I = \dfrac{V}{R}$ の形

ベストフィット

直列接続 ⇒ 各抵抗に流れる電流が同じ
並列接続 ⇒ 各抵抗にかかる電圧が同じ

例題 **46** 電流と電圧の関係（I-V グラフ）

　抵抗値 R〔Ω〕のある金属線を用いて，図1のような電気回路を
用意し，電流計が示す値〔A〕と電圧計が示す値〔V〕の関係を調べ
る実験をした。その結果をグラフに表したものが図2①である。

(1) 図2①のグラフから，この金属線の抵抗 R〔Ω〕を求めよ。

(2) 同じ抵抗 R を2つ用いて，次の(i)，(ii)のような回路を用意
　し，同様に実験をした。図2②のような結果となるのは，(i)，
　(ii)のどちらか。

(i) 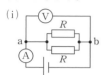　　(ii)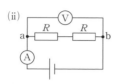

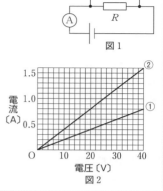

図1

図2

解答

(1) $R = 50\ \Omega$　　(2) (i)

リード文check

❶—I-V グラフでは，傾きが抵抗の逆数を表す

■ I-V グラフから抵抗を求める**基本プロセス** **Process**

プロセス 0

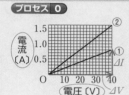

プロセス 1 縦軸が電流 I，横軸が電圧 V であることを確認する

プロセス 2 縦軸の変化量 $\varDelta I$，横軸の変化量 $\varDelta V$ を読みとり，

　グラフの傾き $\dfrac{\varDelta I}{\varDelta V}$ を求める

プロセス 3 （傾き）$= \dfrac{1}{R}$ より，抵抗 R を求める

解説

(1) **プロセス 1**　グラフの傾き $\dfrac{\varDelta I}{\varDelta V}$ を求める

プロセス 2

①のグラフについて　（傾き）$= \dfrac{0.8}{40}$〔$1/\Omega$〕

プロセス 3　（傾き）$= \dfrac{1}{R}$ より，抵抗 R を求める

　オームの法則「$V = RI$」より，「$I = \dfrac{1}{R}V$」であ
る。つまり，I-V グラフの傾きは $\dfrac{1}{R}$ を表す。し
たがって，

　$\dfrac{0.8}{40} = \dfrac{1}{R}$　より　$R = \dfrac{40}{0.8} = 50$〔Ω〕

　答 $R = 50\ \Omega$

(2)　②のグラフについて，（傾き）$= \dfrac{1.6}{40}$〔$1/\Omega$〕よ

　り，点 ab 間の合成抵抗は $\dfrac{40}{1.6} = 25$〔Ω〕となる。

　(i)の合成抵抗を R_i〔Ω〕，(ii)の合成抵抗を R_{ii}〔Ω〕
　とすると，

　$\dfrac{1}{R_i} = \dfrac{1}{50} + \dfrac{1}{50} = \dfrac{2}{50}$　より　$R_i = 25$〔Ω〕

　$R_{ii} = 50 + 50 = 100$　より　$R_{ii} = 100$〔Ω〕

　よって　**答** (i)

類題 46 電流と電圧の関係（I-V グラフ）

　図は，ある2つの金属線 P，Q について，その両端にかけた電圧
V〔V〕と流れた電流 I〔A〕の関係をグラフに表したものである。

(1) 金属線 P の抵抗を求めよ。

(2) 金属線 P，Q を直列に接続した抵抗について，電流と電圧の関
　係を図中にかき入れよ。

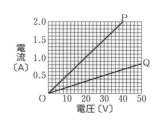

19. 電気抵抗 **109**

図のように，抵抗値 $R_1 = 30\,\Omega$，$R_2 = 60\,\Omega$，$R_3 = 50\,\Omega$ の抵抗と起電力 $V = 21\,\mathrm{V}$ の電源を接続した。次の問いに答えよ。

(1) 点 ab 間に接続された抵抗の合成抵抗 R_{ab}〔Ω〕を求めよ。
❶
(2) 点 ac 間に接続された抵抗の合成抵抗 R_{ac}〔Ω〕を求めよ。
❷
(3) 点 c を流れる電流 I_c〔A〕を求めよ。

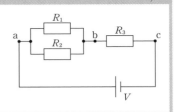

解答

(1) $R_{ab} = 20\,\Omega$　(2) $R_{ac} = 70\,\Omega$

(3) $I_c = 0.30\,\mathrm{A}$

リード文check

❶— 抵抗 R_1，R_2 の並列接続

❷— 合成抵抗 R_{ab} と R_3 の直列接続

■ **複数の抵抗が接続された回路の基本プロセス** Process

プロセス 0

プロセス 1 できるだけわかりやすい回路図にかき直す

プロセス 2 単純な接続部分を見つけ，合成抵抗を求める

プロセス 3 合成抵抗 R，合成抵抗にかかる電圧 V，流れる電流 I で，オームの法則を適用する

合成抵抗

電流

解説

(1) **プロセス 1** できるだけわかりやすい回路図にかき直す

プロセス 2 単純な接続部分を見つけ，合成抵抗を求める

抵抗 R_1 と R_2 は並列接続なので，

「$\dfrac{1}{R} = \dfrac{1}{R_1} + \dfrac{1}{R_2}$」より

$$\dfrac{1}{R_{ab}} = \dfrac{1}{R_1} + \dfrac{1}{R_2}$$
$$= \dfrac{1}{30} + \dfrac{1}{60}$$
$$= \dfrac{3}{60} = \dfrac{1}{20}\ \text{〔1/}\Omega\text{〕}$$

よって　$R_{ab} = 20$〔Ω〕　**答** $\boldsymbol{R_{ab} = 20\,\Omega}$

(2) **❷** 合成抵抗 R_{ab} と抵抗 R_3 は直列接続なので，
「$R = R_1 + R_2$」より

$$R_{ac} = R_{ab} + R_3$$
$$= 20 + 50$$
$$= 70\ \text{〔}\Omega\text{〕}$$　**答** $\boldsymbol{R_{ac} = 70\,\Omega}$

(3) **プロセス 3** 合成抵抗 R，合成抵抗にかかる電圧 V，流れる電流 I で，オームの法則を適用する

オームの法則「$V = RI$」より，「$I = \dfrac{V}{R}$」だから

$$I_c = \dfrac{V}{R_{ac}} = \dfrac{21}{70}$$
$$= 0.30\ \text{〔A〕}$$　**答** $\boldsymbol{I_c = 0.30\,\mathrm{A}}$

類題 47 回路と合成抵抗

図のように，抵抗値 $R_1 = 120\,\Omega$，$R_2 = 400\,\Omega$，$R_3 = 600\,\Omega$ の抵抗と起電力 $V = 90\,\mathrm{V}$ の電源を接続した。次の問いに答えよ。

(1) 点 bc 間に接続された抵抗の合成抵抗 R_{bc}〔Ω〕を求めよ。

(2) 点 ac 間に接続された抵抗の合成抵抗 R_{ac}〔Ω〕を求めよ。

(3) 点 a を流れる電流 I_a〔A〕を求めよ。

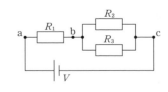

130 ［合成抵抗］　次のそれぞれの合成抵抗を求めよ。

(1)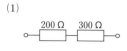

(2)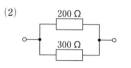

(3)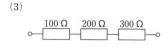

(4)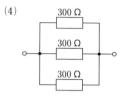

(5)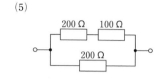

(6)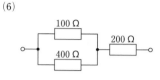

131 ［直列回路］　図の回路において，それぞれの抵抗値は $R_1 = 3.0\,\Omega$，$R_2 = 2.0\,\Omega$ で，点 b を $1.5\,\mathrm{A}$ の電流が流れている。次の問いに答えよ。

(1) 点 ab 間の電圧は何 V か。

(2) 点 bc 間の電圧は何 V か。

(3) 点 ac 間の電圧は何 V か。

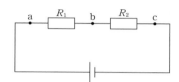

132 ［並列回路］　図の回路において，それぞれの抵抗値は $R_1 = 10\,\Omega$，$R_2 = 20\,\Omega$ で，点 p を $2.0\,\mathrm{A}$ の電流が流れている。次の問いに答えよ。

(1) 点 ab 間の電圧は何 V か。

(2) 点 q を流れる電流は何 A か。

(3) 点 b に流れ込む電流は何 A か。

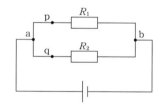

133 ［複雑な回路］　図の回路において，それぞれの抵抗
発展 値は $R_1 = 6.0\,\Omega$，$R_2 = 4.0\,\Omega$，$R_3 = 15\,\Omega$，$R_4 = 6.0\,\Omega$
で，点 c を $0.50\,\mathrm{A}$ の電流が流れている。次の問いに答えよ。

(1) 点 ab 間の合成抵抗は何 Ω か。

(2) 点 ac 間の合成抵抗は何 Ω か。

(3) 点 ac 間および点 ab 間の電圧はそれぞれ何 V か。

(4) 点 p を流れる電流は何 A か。

(5) 点 q を流れる電流は何 A か。

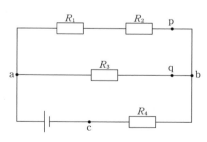

▶20 抵抗率，ジュール熱 *electric resistivity, Joule heat*

● 確認事項 ●

1 抵抗と抵抗率

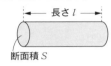

長さ l

断面積 S

導体の抵抗 R〔Ω〕は，導体の長さ l〔m〕に比例し，断面積 S〔m²〕に反比例する。抵抗率 ρ〔Ω·m〕を用いると，次式で表される。

$$R = \rho \frac{l}{S}$$

$$(抵抗〔Ω〕) = (抵抗率〔Ω·m〕) \times \frac{(長さ〔m〕)}{(断面積〔m²〕)}$$

2 ジュール熱

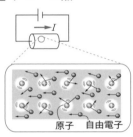

原子　自由電子

抵抗に電圧 V〔V〕を加えて電流 I〔A〕を時間 t〔s〕流すとき，抵抗で発生するジュール熱 Q〔J〕は次式で表される。

$$Q = IVt$$

$$(ジュール熱〔J〕) = (電流〔A〕) \times (電圧〔V〕) \times (時間〔s〕)$$

●熱が発生する理由●

電圧によって加速された自由電子は，原子に衝突して運動エネルギーを失う。その分のエネルギーが，衝突された原子の熱運動のエネルギーに変わるからである。

3 電力量・電力・消費電力

●電力量 W〔J〕……電源が供給するエネルギー〔J〕のこと。

●電力 P〔W〕……電源が単位時間に供給するエネルギー〔J/s〕のこと。〔W〕=〔J/s〕である。

●消費電力〔W〕……電気器具などの負荷が，電源から供給されたエネルギーを他のエネルギーに変換するとき，単位時間に変換するエネルギー〔J/s〕のこと。

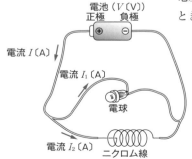

電池（V〔V〕）
正極　負極

電流 I〔A〕

電流 I_1〔A〕

電球

電流 I_2〔A〕　ニクロム線

電圧 V〔V〕の電源が回路全体に I〔A〕の電流を時間 t〔s〕流したとき，電力量 W〔J〕，電力 P〔W〕は次式で表される。

$$W = IVt$$

$$(電力量〔J〕) = (電流〔A〕) \times (電圧〔V〕) \times (時間〔s〕)$$

$$P = \frac{W}{t} = IV$$

$$(電力〔W〕) = \frac{(電力量〔J〕)}{(時間〔s〕)} = (電流〔A〕) \times (電圧〔V〕)$$

(注) 左図で，電球の消費電力 P_1〔W〕は，$P_1 = I_1 V$

ニクロム線の消費電力 P_2〔W〕は，$P_2 = I_2 V$

同じ材質で同じ長さの抵抗 R_1〔Ω〕, R_2〔Ω〕を用いて, 図のような回路をつくった。ここで, 抵抗 R_1 の断面積は $S_1 = 4.0 \times 10^{-6}\,\mathrm{m}^2$, 長さは $l = 1.2\,\mathrm{m}$, 抵抗値は $R_1 = 6.0\,Ω$ である。また, 抵抗 R_2 の断面積は $S_2 = 6.0 \times 10^{-6}\,\mathrm{m}^2$ である。

(1) この材質の抵抗率 ρ〔Ω·m〕を求めよ。

(2) 抵抗値 R_2〔Ω〕を求めよ。

(3) 点 ab 間を, 同じ材質で同じ長さの抵抗 R〔Ω〕を用いて1つにおき<u>かえる</u>には, 抵抗 R の断面積 S〔m²〕をいくらにすればよいか。
❷

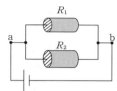

解答

(1) $\rho = 2.0 \times 10^{-5}\,Ω\cdot\mathrm{m}$

(2) $R_2 = 4.0\,Ω$　(3) $S = 1.0 \times 10^{-5}\,\mathrm{m}^2$

リード文check

❶── 抵抗率は, 抵抗 R_1 と R_2 で共通

❷── 抵抗値 R〔Ω〕は, 抵抗 R_1 と R_2 の合成抵抗に等しい

■ **抵抗率を用いた抵抗, 合成抵抗の計算の基本プロセス**　Process

プロセス 0

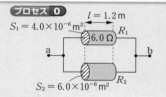

$l = 1.2\,\mathrm{m}$
$S_1 = 4.0 \times 10^{-6}\,\mathrm{m}^2$
$6.0\,Ω$　R_1
$S_2 = 6.0 \times 10^{-6}\,\mathrm{m}^2$　R_2

プロセス 1 抵抗と抵抗率の関係式「$R = \rho \dfrac{l}{S}$」より,

求めたい物理量を式で表し, 数値を代入する

プロセス 2 合成する抵抗の抵抗値を求める

プロセス 3 並列接続か直列接続かに注意し, 合成抵抗を求める

4章
電気

解説

(1) **プロセス 1** 「$R = \rho \dfrac{l}{S}$」より, 抵抗率 ρ を求める

抵抗 R_1 において, 「$R = \rho \dfrac{l}{S}$」より

$$\rho = R_1 \frac{S_1}{l} = 6.0 \times \frac{4.0 \times 10^{-6}}{1.2}$$
$$= 2.0 \times 10^{-5}\,〔Ω\cdot\mathrm{m}〕$$

答 $\rho = 2.0 \times 10^{-5}\,Ω\cdot\mathrm{m}$

(2) **プロセス 1** **プロセス 2** 抵抗値 R_2 を求める

抵抗 R_2 は抵抗 R_1 と材質が同じなので, 抵抗率も同じである。よって, 「$R = \rho \dfrac{l}{S}$」より

$$R_2 = \rho \frac{l}{S_2} = 2.0 \times 10^{-5} \times \frac{1.2}{6.0 \times 10^{-6}}$$
$$= 4.0\,〔Ω〕$$　**答** $R_2 = 4.0\,Ω$

(3) **プロセス 3** 並列接続での合成抵抗を求める

抵抗値 R〔Ω〕は, 抵抗 R_1 と R_2 の合成抵抗と等しければよい。よって, 「$\dfrac{1}{R} = \dfrac{1}{R_1} + \dfrac{1}{R_2}$」より

$$\frac{1}{R} = \frac{1}{R_1} + \frac{1}{R_2} = \frac{1}{6.0} + \frac{1}{4.0} = \frac{5.0}{12}$$
$$R = \frac{12}{5.0} = 2.4\,〔Ω〕$$

抵抗 R の抵抗率・長さは R_1 と共通なので,

「$R = \rho \dfrac{l}{S}$」より

$$S = \rho \frac{l}{R} = 2.0 \times 10^{-5} \times \frac{1.2}{2.4}$$
$$= 1.0 \times 10^{-5}\,〔\mathrm{m}^2〕$$

$S = S_1 + S_2$ となっている

答 $S = 1.0 \times 10^{-5}\,\mathrm{m}^2$

類題 48 抵抗の直列接続と抵抗率

同じ材質で同じ断面積の抵抗 R_1〔Ω〕, R_2〔Ω〕を用いて, 図のような回路をつくった。ここで, 抵抗 R_1 の断面積は $S = 2.5 \times 10^{-6}\,\mathrm{m}^2$, 長さは $l_1 = 1.5\,\mathrm{m}$, 抵抗値は $R_1 = 30\,Ω$ である。また, 抵抗 R_2 の長さは $l_2 = 2.5\,\mathrm{m}$ である。

(1) この材質の抵抗率 ρ〔Ω·m〕を求めよ。

(2) 抵抗値 R_2〔Ω〕を求めよ。

(3) 点 ab 間を, 同じ材質で同じ断面積の抵抗 R〔Ω〕を用いて1つにおきかえるには, 抵抗 R の長さ l〔m〕をいくらにすればよいか。

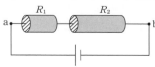

図のように，抵抗値 35 Ω の抵抗を 70 V の電源につなぎ，水 400 g が入った断熱容器の中に入れた。5分間電流を流したところ_①，容器内の水温が上昇した_②。水の比熱を 4.2 J/(g·K) とするとき，次の問いに答えよ。ただし，抵抗で発生した熱量はすべて水の温度上昇に使われたものとする。

(1) 抵抗の消費電力 P 〔W〕を求めよ。

(2) 抵抗で発生したジュール熱 Q 〔J〕を求めよ。

(3) 水の温度上昇は何 K か。

(解答)

(1) $1.4×10^2$ W　(2) $4.2×10^4$ J

(3) 25 K

▶ リード文check

❶—秒に換算しなければ，公式が使えない

❷—「$Q = mc\varDelta T$」を用いる

■ **ジュール熱による温度変化の基本プロセス** ─ Process

プロセス **1** 抵抗で発生するジュール熱は「$Q = IVt$」で表す

プロセス **2** ジュール熱 Q を，オームの法則「$V = RI$」を用いて変形する

プロセス **3** 「$Q = mc\varDelta T$」より，温度変化 $\varDelta T$ を求める

(解説)

(1) 「$P = IV$」，「$V = RI$」より「$P = \dfrac{V^2}{R}$」だから

$$P = \frac{70^2}{35}$$
$$= 1.4×10^2 〔W〕$$

答 $P = 1.4×10^2$ W

(2) プロセス **1** ジュール熱は「$Q = IVt$」で表す

プロセス **2** 「$V = RI$」を用いて変形する

「$Q = IVt$」，「$V = RI$」より「$Q = \dfrac{V^2}{R}t$」だから

$$Q = \frac{70^2}{35} × (5×60)$$
$$= 4.2×10^4 〔J〕$$

答 $Q = 4.2×10^4$ J

(3) プロセス **3** 「$Q = mc\varDelta T$」より，温度変化 $\varDelta T$ を求める

水の質量は $m = 400$ g，比熱は $c = 4.2$ J/(g·K) であり，水が得た熱量はジュール熱 Q に等しい。水の温度上昇を $\varDelta T$ 〔K〕とすると，「$Q = mc\varDelta T$」より，

$$4.2×10^4 = 400×4.2×\varDelta T$$
$$\varDelta T = \frac{4.2×10^4}{400×4.2}$$
$$= 25 〔K〕$$

答 25 K

「$Q = mc\varDelta T$」の m は単位が〔g〕であることに注意！

類題 **49** ジュール熱による水の温度上昇

図のように，抵抗値 70 Ω の抵抗を 140 V の電源につなぎ，水 500 g が入った断熱容器の中に入れた。5分間電流を流したところ，容器内の水温が上昇した。水の比熱を 4.2 J/(g·K) とするとき，次の問いに答えよ。ただし，抵抗で発生した熱量はすべて水の温度上昇に使われたものとする。

(1) 抵抗の消費電力 P 〔W〕を求めよ。

(2) 抵抗で発生したジュール熱 Q 〔J〕を求めよ。

(3) 水の温度上昇は何 K か。

134 [抵抗率] (1) 断面積 $3.0 \times 10^{-6}\,\mathrm{m^2}$, 長さ $10\,\mathrm{m}$, 抵抗率 $2.1 \times 10^{-6}\,\Omega \cdot \mathrm{m}$ の導体の抵抗値を求めよ。

(2) 断面積 $2.0 \times 10^{-6}\,\mathrm{m^2}$, 長さ $10\,\mathrm{m}$, 抵抗値 $75\,\Omega$ の導体の抵抗率を求めよ。

(3) 長さ $1.2\,\mathrm{m}$, 抵抗値 $20\,\Omega$, 抵抗率 $5.0 \times 10^{-6}\,\Omega \cdot \mathrm{m}$ の導体の断面積を求めよ。

(4) 抵抗値 $300\,\Omega$, 抵抗率 $2.0 \times 10^{-5}\,\Omega \cdot \mathrm{m}$, 断面積 $4.0 \times 10^{-7}\,\mathrm{m^2}$ の導体の長さを求めよ。

135 [金属棒の長さと断面積による抵抗の変化] 同じ材質からな
る金属棒 A と B がある。金属棒 B の長さは金属棒 A の 3
倍で, 金属棒 B の断面の直径は金属棒 A の 2 倍である。

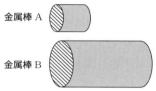

金属棒 A

金属棒 B

(1) 金属棒 B の断面積は金属棒 A の何倍か。

(2) 金属棒 A の両端に $12\,\mathrm{V}$ の電圧をかけると, $2.0\,\mathrm{A}$ の電流
が流れた。金属棒 A の抵抗は何 Ω か。

(3) 金属棒 B の抵抗は何 Ω か。

136 [直列接続と並列接続での消費電力の違い] $100\,\mathrm{V}$ の電源で電力 $20\,\mathrm{W}$
を消費する抵抗 R_1, R_3 と電力 $50\,\mathrm{W}$ を消費する抵抗 R_2, R_4 がある。抵
抗 R_1 と抵抗 R_2 は図 1 のように直列接続し, 抵抗 R_3 と抵抗 R_4 は図 2
のように並列接続した。次の問いに答えよ。

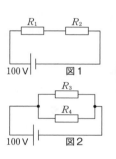

(1) 抵抗 R_1, R_2, R_3, R_4 の抵抗値 〔Ω〕 をそれぞれ求めよ。

(2) 図 1 の抵抗 R_1, R_2 の消費電力 P_1〔W〕, P_2〔W〕 をそれぞれ求めよ。

(3) 図 2 の抵抗 R_3, R_4 の消費電力 P_3〔W〕, P_4〔W〕 をそれぞれ求めよ。

(4) 抵抗 R_1, R_2, R_3, R_4 を消費電力の大きい順番に並べて書け。

137 [ジュール熱による水の温度上昇] 抵抗値が $6.0\,\Omega$ の抵抗と電圧が $12\,\mathrm{V}$
の電源を図のように接続し, 抵抗を質量 $100\,\mathrm{g}$ の水の中に入れて, 電流を
流した。

(1) 1.0 分間に抵抗で発生するジュール熱はいくらか。

(2) (1)のジュール熱がすべて水の温度上昇に使われたとすると, 水の温度
は何 K 上昇するか。ただし, 水の比熱を $4.2\,\mathrm{J/(g \cdot K)}$ とする。

138 [液体の比熱とジュール熱] 図 1 のように温度
$25\,℃$ の未知の液体 $100\,\mathrm{g}$ が容器に入れられており,
その中に抵抗 $10\,\Omega$ の電熱線が取り付けられてい
る。電熱線に $2.0\,\mathrm{A}$ の電流を流したところ, 未知
の液体の温度は図 2 のグラフのように上昇した。
ただし, 電熱線からの熱は, すべて液体の温度上
昇に使われたとして, 次の問いに答えよ。

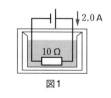

(1) 電熱線によって 80 秒間に発生したジュール熱は何 J か。

(2) 未知の液体の比熱は何 $\mathrm{J/(g \cdot K)}$ か。

右欄: **4**章 電気

▶21 電気の利用 *utilization of electricity*

● **確認事項** ● 以下の空欄に適当な語句を入れよ。

1 磁場（磁界）

● **磁場（磁界）**……磁力を伝えるはたらきをする空間。
磁場の向きは方位磁針のＮ極が指す向きと定義する。

● **磁力線**……磁場の向きをつないだ線。Ｎ極より出てＳ極に
入る曲線で，磁場の向きや強さを表している。磁力線の接線
方向が磁場の方向となり，磁力線の密なところは磁場が強い。

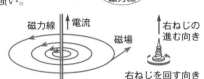

2 電流がつくる磁場

● **右ねじの法則**……電流の向きを右ねじの進む向きとす
ると，右ねじを回す向きに同心円状の磁場が生じる。

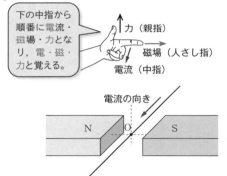

3 電流が磁場から受ける力

磁場の中で電流が流れると，電流は磁場から力を受ける。

発展 ＜フレミングの左手の法則＞

左手の中指，人さし指，親指の３本指を直角に立てる
と，電流，磁場，電流が磁場から受ける力のそれぞれ
の向きに対応する。

> 下の中指から順番に電流・磁場・力となり，電・磁・力と覚える。

ex 右図のように，水平面に置かれた２つの磁石の間
を水平に電流が流れている。点Ｏにおいて，磁
場の向きは（　①　）極から（　②　）極の向き
で，電流の向きは奥から手前の向きであるから，
導線上の点Ｏに加わる力は，（　　③　　）
向きとなる。

4 モーターのしくみ

● **モーター**……電気エネルギー
を力学的エネルギーに変える
装置。図のように，整流子と
ブラシによって，コイルが半
回転するごとに，コイルに流
れる電流の向きが逆転する。
その結果，コイルが連続的に
回転する。

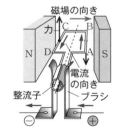
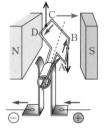
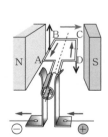

（**解答**）　① Ｎ　　② Ｓ　　③ 鉛直上

5 電磁誘導

● 電磁誘導……コイルを貫く磁場が変化すると，コイルに起電力（電圧）が生じる現象。このときの起電力を誘導起電力，流れる電流を誘導電流という。

発展 ＜レンツの法則＞

コイルに生じる誘導起電力は，誘導電流のつくる磁場が，コイルを貫く磁場の変化を妨げる向きに生じる。

ex 右図でN極をコイルに近づけると，コイル内の右向きの磁場は（　④　）くなる。よって，それを妨げるように（　⑤　）向きの磁場を生じさせる誘導電流が流れる。

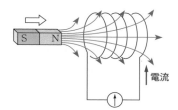

電流

6 交流

周期的に向きが変化する電圧と電流を，それぞれ交流電圧，交流電流という。

● **周波数 f 〔Hz〕**……電圧や電流が，1秒間に振動する回数
● **周期 T 〔s〕**……電圧や電流が，1回振動するのに要する時間

発展 ● **実効値**……交流電圧・交流電流の最大値の $\dfrac{1}{\sqrt{2}}$

（≒0.71）倍の値のこと。交流電圧の実効値 V_e〔V〕，交流電流の実効値 I_e〔A〕を用いると，電力 P〔W〕の計算を直流のように扱うことができる。

$$P = I_e V_e \qquad (V_e = RI_e)$$

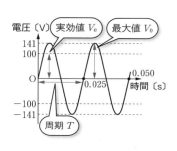

電圧〔V〕 実効値 V_e 最大値 V_0

141
100

O
0.025
0.050
時間〔s〕

−100
−141

周期 T

4章
電気

7 変圧器

交流の電圧を変える装置。

1次コイルと2次コイルの電圧 V_1〔V〕，V_2〔V〕とその巻数 N_1，N_2には，次の関係がある。

$$\frac{V_1}{V_2} = \frac{N_1}{N_2}$$

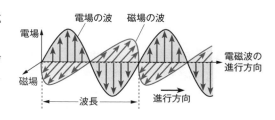

1次コイル　　　磁場　　　2次コイル

I_1　　　　　　　　　　　I_2

V_1　　　　　　　　　V_2

巻数 N_1　　　　　　　巻数 N_2

8 電磁波

＊導体に高周波数の交流が流れると，空間に電場と磁場の波（電磁波）が生じる。電磁波は，電場の振動が磁場を生み，磁場の振動が電場を生むという具合に互いに相手をつくり出しながら空間を伝わる。

＊真空中を伝わる電磁波の速さ

$c = 3.0 \times 10^8$ m/s

電場の波　磁場の波

電場

磁場

電磁波の進行方向

波長　　　　進行方向

解答 ④ 強　⑤ 左

例題 50 ソレノイドがつくる磁場

図のように，ソレノイド①に電流を流した。左側の A 点，右側の B 点，上中央の C 点において，方位磁針の N 極の指す向きを観察した。次の問いに答えよ。

(1) ソレノイドがつくる磁力線を図中にかけ。

(2) A 点，B 点，C 点において方位磁針②の指す向きを，それぞれ下記のア〜クの中から選べ。ただし，方位磁針は黒い部分を N 極とする。

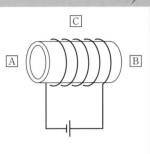

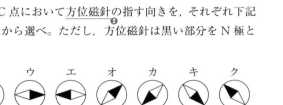

解答

(1) 解説参照
(2) A：エ，B：エ，C：ウ

リード文check

① ─ 導線を密に巻き，十分に長い円筒状にしたコイル
② ─ 磁場の向きと方位磁針の N 極の指す方向は同じ

■ 電流がつくる磁場の基本プロセス　Process

プロセス 0

磁力線 / 電流 / 電流 / 磁場

プロセス 1 電流の向きと磁場の向きに関する問題であることを確認する（電流が磁場から受ける力の向きや，電磁誘導ではない）

プロセス 2 右ねじの法則を適用する

プロセス 3 コイルでは，右手の指の向きから磁場の向きを求める

解説

(1) **プロセス 1** **プロセス 2** **プロセス 3**

コイルでは，右手の指の向きから磁場の向きを求める

右ねじの法則より，電流の向きに右手の親指以外の 4 本の指を合わせて握ったとき，親指の指す向きが生じる磁場の向きとなる。答えは上図の赤色矢印の通り。

(2) 磁力線の接線の向きが方位磁針の N 極が指す向きと一致するから，

答 A：エ，B：エ，C：ウ

類題 50 円電流がつくる磁場

図のように，円電流が時計まわりに流れている。次の問いに，下記の解答群から記号で答えよ。

(1) 円の中心 O 点に生じる磁場の向きはどうなるか。

(2) 円電流の流れる向きを反時計まわりにすると，円の中心 O 点に生じる磁場の向きはどうなるか。

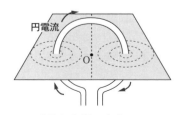

円電流

【解答群】ア 左向き　　イ 右向き　　ウ 奥から手前の向き　　エ 手前から奥の向き

例題 51　変圧器の巻数

　一般家庭においては，交流電圧 6.6 kV の高電圧を変圧器で 100 V に下げて使用している。変圧器での電力損失はないものとして，次の問いに答えよ。

（1）1 次コイルの電圧 V_1 が 6.6 kV，2 次コイルの電圧 V_2 が 100 V のとき，1 次コイルの巻数 N_1 と 2 次コイルの巻数 N_2 の比を求めよ。

（2）2 次コイルで 100 V 用 1.2 kW のヘアードライヤーを追加して使用すると，1 次コイルでは電流が何 A 増加するか。

（図）1 次コイル／2 次コイル　V_1　V_2　家電製品での抵抗　巻数 N_1　巻数 N_2

解答

（1）$N_1 : N_2 = 66 : 1$

（2）0.18 A

リード文check

❶ — 1 kV = 1000 V

❷ — 交流の電圧を変える装置

■ 変圧器の基本プロセス　Process

プロセス 0

（供給電力 $I_1 V_1$）＝（消費電力 $I_2 V_2$）

（図）1 次コイル　I_1　2 次コイル　I_2　V_1　V_2　家電製品での抵抗　巻数 N_1　巻数 N_2

プロセス 1　電圧は，変圧器の巻数と電圧の関係を用いる

プロセス 2　電流は，2 つのコイルにおける電力の関係を用いる

プロセス 3　周波数は，1 次コイル・2 次コイルで等しいことを用いる

解説

（1）**プロセス 1**　電圧は，変圧器の巻数と電圧の関係を用いる

　変圧器の 1 次コイルと 2 次コイルの巻数と電圧の関係「$\dfrac{V_1}{V_2} = \dfrac{N_1}{N_2}$」より，

$$\frac{N_1}{N_2} = \frac{V_1}{V_2}$$
$$= \frac{6600}{100}$$
$$= \frac{66}{1}　\boxed{答}\ N_1 : N_2 = 66 : 1$$

（2）**プロセス 2**　電流は，2 つのコイルにおける電力の関係を用いる

　電力損失がないので，変圧器の 1 次コイルの供給電力と 2 次コイルの消費電力は等しい。よって，2 次コイルで追加したヘアードライヤーの消費電力 1.2 kW の分だけ，1 次コイルの供給電力が ΔP 〔W〕増えることになる。電流の増加分を ΔI_1〔A〕とすると，

「$P = IV$」より

$$\Delta I_1 = \frac{\Delta P}{V} = \frac{1200}{6600}$$
$$\fallingdotseq 0.181\ 〔A〕　\boxed{答}\ 0.18\ A$$

類題 51　変圧器と周波数

　図の変圧器は，1 次コイルと 2 次コイルの巻数の比が 100 : 1 である。この変圧器の 1 次コイルに電圧 1.5 kV，周波数 60 Hz の交流電源を与えたとき，次の問いに答えよ。ただし，変圧器での電力損失はないものとする。

（1）2 次コイルに発生する交流電圧は何 V か。

（2）2 次コイルに発生する交流の周波数は何 Hz か。

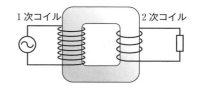

（図）1 次コイル／2 次コイル

4 章　電気

139 [磁石の磁力線]　次のように磁石のN極やS極を置いたとき，周囲の空間にできる磁場の様子を示す磁力線をかけ。

(1)

(2)

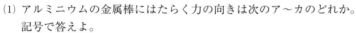

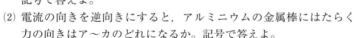

140 [電流が磁場から受ける力]　右図のようにU字型磁石の影響を受け
【発展】ける場所でアルミニウムの金属棒に電流を流したとき，次の問いに答えよ。

(1) アルミニウムの金属棒にはたらく力の向きは次のア〜カのどれか。記号で答えよ。

(2) 電流の向きを逆向きにすると，アルミニウムの金属棒にはたらく力の向きはア〜カのどれになるか。記号で答えよ。

ア．上　　　イ．下　　　ウ．右　　　エ．左　　　オ．手前　　　カ．奥

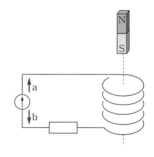

141 [電磁誘導とコイル]　図のように，コイルに抵抗と電流計を接
【発展】続した装置がある。コイルの中心を通過するように，鉛直上方から棒磁石のS極を下にして自由落下させるとき，次の問いに答えよ。

(1) 棒磁石がコイル内に進入する直前に，電流はa, bのどちらの向きに流れるか。

(2) 棒磁石がコイル内を通過した直後に，電流はa, bのどちらの向きに流れるか。

142 [誘導電流の向き]　下図のように，磁石と金属リングが置かれている。次のような操作をする
【発展】と，金属リングに誘導電流が流れた。誘導電流の向きはa, bのどちらか。

(1) 磁石のN極を金属リングに近づける。

(2) 金属リングを磁石のN極から遠ざける。

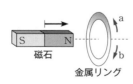

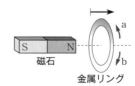

143 ［周波数の単位］　次の問いに答えよ。
　(1) 1GHz は何 Hz か。　　　(2) 1MHz は何 Hz か。　　　(3) 1THz は何 MHz か。

144 ［電力の輸送損失］　発電所から家庭まで電力を輸送する送電線がある。この送電線の抵抗は 1.0km あたり，0.20Ω である。今，1.0×10^4 kW の電力を発電所から 100km 離れた地点に送電する場合，次の問いに答えよ。
　(1) 送電する場合，往復 2 本となることから，送電線の長さは何 km 必要か。
　(2) 送電線の全抵抗は何 Ω か。
　(3) 10 万 V の電圧で送電するときの電力損失は何 kW か。また，それは送電する電力の何%か。
　(4) 20 万 V の電圧で送電するときの電力損失は，10 万 V で送電するときの電力損失の何倍になるか。

145 ［電磁波の波長］　次のAからEの電磁波を波長の短い順に並べて書け。
　A 赤外線　　　　　　　B 紫外線　　　　　　　C マイクロ波
　D X 線　　　　　　　E 可視光線

146 ［交流の周期と周波数］　図は，一般家庭のコンセントから得られる，電圧の実効値が 100V の交流の時間変化を表したものである。次の問いに答えよ。ただし，$\sqrt{2} = 1.41$ とする。
　(1) この交流電圧の最大値は何 V か。
　(2) この交流電圧の周波数 f〔Hz〕を求めよ。
　発展 (3) 50Ω の抵抗をこの交流電源に接続すると，この抵抗に流れる電流の実効値は何 A となるか。また，電流の最大値は何 A か。

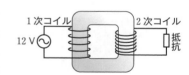

147 ［変圧器］　巻数 100 回の 1 次コイルと巻数 500 回の 2 次コイルでできた変圧器がある。この変圧器の 1 次コイルに 12V の交流電圧をかけ，2 次コイルに抵抗 50Ω を接続した。変圧器による電力損失がないものとして，次の問いに答えよ。
　(1) 2 次コイルの電圧は何 V か。
　(2) 2 次コイルの消費電力は何 W か。
　(3) 1 次コイルに流れた電流は何 A か。

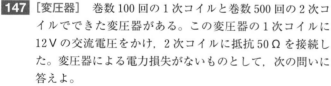

▶22 エネルギーとその利用 *energy and its utilization*

● **確認事項** ●

1 さまざまなエネルギーを利用した発電

● 化石燃料……火力発電

● 再生可能エネルギー……水力発電，太陽光発電，風力発電，地熱発電，潮汐発電，バイオマス発電

● 原子力エネルギー……原子力発電

2 原子の構成

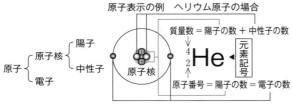

	電荷	質量比
陽子	$+e$	1
中性子	0	1
電子	$-e$	$\dfrac{1}{1840}$

原子番号は元素記号の左下，質量数は左上に書く。

e は電気素量

3 放射線の種類

種類	正体	透過力	電離作用	電荷
α（アルファ）線	ヘリウム（$^4_2$He）原子核の流れ	小	大	$+2e$
β（ベータ）線	高速で運動する電子の流れ	中	中	$-e$
γ（ガンマ）線	波長が非常に短い電磁波	大	小	0
中性子線	運動する中性子の流れ	大	小	0

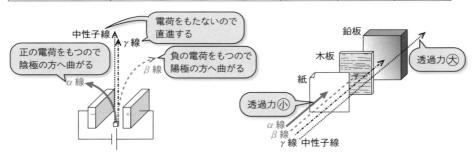

4 放射性同位体（ラジオアイソトープ）

● 同位体……原子番号が同じで，質量数が違う原子のこと。（同じ元素で質量数が異なる原子）
化学的性質はほぼ同じである。

ex $^1_1$H（水素原子），$^2_1$H（重水素原子），$^3_1$H（三重水素原子）

放射性崩壊という

● 放射性同位体……放射線を放出して他の原子核に変わる同位体のこと。

5 放射線の単位

- **Bq**……1秒間に放射性崩壊する原子核の数の
  こと。放射性物質の放射能の強さを表
  す際に用いる。
- **Gy**……放射線を受けたとき，物質が1kgあた
  りに吸収するエネルギー〔J〕のこと。
- **Sv**……Gyに生物学的影響を考慮した係数をかけたもの。放射線の種類によって係数は異なる。

> **ベストフィット**
>
> 放射線　　　　　放射能
> ⇓　　　　　　　⇓
> α線等のこと　　放射線を出す能力

6 原子核とエネルギー

- **核分裂**……不安定で重い原子核が，より安定で軽い原子核に分裂すること。

  ex ウラン $^{235}_{92}$U の原子核に中性子を衝突させると，ほ
  ぼ半分の質量をもつバリウム $^{141}_{56}$Ba などの原子核に
  分裂し，2～3個の中性子を放出する。この放出さ
  れた中性子は，他の $^{235}_{92}$U に衝突し，新たな核分裂を
  引き起こす。

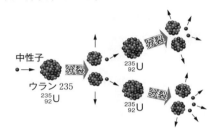

- **連鎖反応**……核分裂が連続して起こること。
- **臨界状態**……連鎖反応が継続して起こる状態。

練習問題

148 ［放射線の単位］　次の文章中の（　　）に適する語句や数値を入れよ。

　　放射能の強さを表す単位の記号として，〔Bq〕が用いられ，（　①　）と読む。例えば，1秒間
に崩壊する原子核の数が500であれば，（　②　）Bqということである。

　　物質が放射線を受けたときに吸収するエネルギー量の単位の記号として，〔Gy〕が用いられ，
（　③　）と読む。また，放射線の生体に与える生物学的影響の大きさの単位の記号として，
〔Sv〕が用いられ，（　④　）と読む。

149 ［放射線の種類と作用］　(1) 放射線である α 線，β 線，γ 線の正体は何か。それぞれかけ。
(2) 放射線である α 線，β 線，γ 線を透過力の大きい順に並べてかけ。
(3) 放射線である α 線，β 線，γ 線を電離作用の大きい順に並べてかけ。
(4) 放射線である α 線，β 線，γ 線のうち，プラスの電荷をもつものはどれか。
(5) 放射線である α 線，β 線，γ 線のうち，マイナスの電荷をもつものはどれか。

150 ［エネルギーの変換］　エネルギー形態の移り変わりに関する次の文章中の（　）に入れる用語
として最も適切なものを，下のA～Fから一つずつ選べ。

　　ある火力発電所では，燃料の重油によって水を沸騰させ，生じる水蒸気でタービンをまわし
て，発電機を運転している。このとき，重油の（　①　）は燃焼によって熱エネルギーに変換さ
れ，さらにタービンの（　②　）となり，発電機によって電気エネルギーに変換される。

　A　核エネルギー　　　　　　B　電気エネルギー　　　　　C　力学的エネルギー
　D　熱エネルギー　　　　　　E　光エネルギー　　　　　　F　化学エネルギー

● 物体の運動

1 ［重力］ 地表面付近にある物体にはたらく重力に関する記述として間違っているものを，次の
①～⑤のうちから一つ選べ。

① その力の大きさを，物体の重さという。
② その力の大きさは，物体の質量に比例する。
③ その力の大きさは，物体の地表面からの高さに比例する。
④ その力の向きは，鉛直下向きである。
⑤ その力による物体の位置エネルギーは，基準面からの高さに比例する。

(2006年)

2 ［速度の合成］ 静水中を一定の速さ V で進むことがで
【発展】 きる船がある。図のように，左側から右側へ一定の速さ
$\dfrac{V}{2}$ で流れている川を進むことを考える。

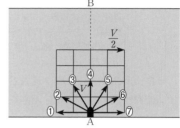

問1 地点 A から真向かいの地点 B までまっすぐ船で
渡りたい。船首をどの向きに向けて進めばよいか。
最も適当なものを，図の①～⑦のうちから一つ選べ。

問2 次に，地点 A から出発した船が，なるべく早く対
岸まで渡るためには，船首をどの向きに向けて進めばよいか。最も適当なものを，図の
①～⑦のうちから一つ選べ。

(2004年 改)

3 ［自由落下運動］ 5個の小球ア～オを時刻 $t=0$ で異なる高さから初速度 0 で同時に落下させ
たところ，$t=0$ から等しい時間間隔で，小球が順に床に衝突した。$t=0$ で，それぞれの小球
はどのような高さにあったか。最も適当なものを，次の①～④のうちから一つ選べ。ただし，
空気抵抗は無視できるものとする。

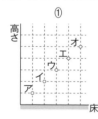
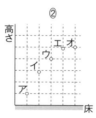
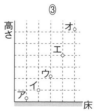

(2003年)

4 ［自由落下と鉛直投げ上げ運動］ 図のように，高さ h の位置から小物体
A を静かに離すと同時に，地面から小物体 B を鉛直上方に速さ v で投
げ上げたところ，二つの小物体は同時に地面に到達した。v を表す式と
して正しいものを，下の①～⑤のうちから一つ選べ。ただし，二つの小
物体は同一鉛直線上にないものとし，重力加速度の大きさを g とする。

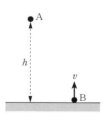

① $\dfrac{\sqrt{gh}}{2}$　　② $\sqrt{\dfrac{gh}{2}}$　　③ $\sqrt{gh}$　　④ $\sqrt{2gh}$　　⑤ $2\sqrt{gh}$

(2013年)

5 [浮力] 次の文章中の空欄 ア ・ イ に入れる式の組合せとして正しいものを，下の①～④のうちから一つ選べ。

図のように，底面積 S，高さ h の円柱が密度 ρ の液体中にある。液面と円柱の上面の距離を x とする。液体中の圧力は，深さに比例する圧力と大気圧 p の和になることを考慮すると，円柱の上面にはたらく力の大きさは ア ，下面にはたらく力の大きさは イ である。ただし，重力加速度の大きさを g とする。

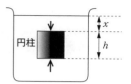

	ア	イ
①	$\rho Sxg+p$	$\rho S(h+x)g+p$
②	$\rho Sxg+p$	$\rho S(h-x)g-p$
③	$\rho Sxg+pS$	$\rho S(h+x)g+pS$
④	$\rho Sxg+pS$	$\rho S(h-x)g-pS$

(2006 年)

6 [浮力] 図のように，潜水艇は潜水するときにはバラストタンクに水を導き入れ，浮上するときにはバラストタンクに高圧空気を送り込んで艇外に水を追い出す。バラストタンクを含む潜水艇全体の体積を V とし，バラストタンクが空のときの全質量を M とする。ただし，水の密度を ρ，重力加速度の大きさを g とし，空気の質量は無視できるものとする。

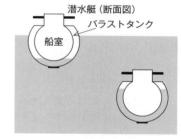

潜水艇（断面図）
バラストタンク
船室

問 1 水深 100 m と 200 m での水圧の差は何 Pa（＝N/m²）か。最も適当な数値を，次の①～⑥のうちから一つ選べ。ただし，水の密度 ρ を $1.0\times10^{3}\,\mathrm{kg/m^3}$，重力加速度の大きさ g を $9.8\,\mathrm{m/s^2}$ とする。

① $9.8\,\mathrm{Pa}$ ② $9.8\times10^{2}\,\mathrm{Pa}$ ③ $9.8\times10^{3}\,\mathrm{Pa}$ ④ $9.8\times10^{4}\,\mathrm{Pa}$ ⑤ $9.8\times10^{5}\,\mathrm{Pa}$
⑥ $9.8\times10^{6}\,\mathrm{Pa}$

問2 潜水艇が完全に水中にあり，浮力と重力がつりあって静止している。このとき，バラストタンク内の水の体積はいくらか。正しいものを，次の①～⑧のうちから一つ選べ。

① $\dfrac{M}{\rho}$ ② $\dfrac{M}{\rho}-V$ ③ $V-\dfrac{M}{\rho}$ ④ $\dfrac{M}{\rho}+V$ ⑤ $\dfrac{Mg}{\rho}$ ⑥ $\dfrac{Mg}{\rho}-V$

⑦ $V-\dfrac{Mg}{\rho}$ ⑧ $\dfrac{Mg}{\rho}+V$

問3 潜水艇がバラストタンクを完全に空にして鉛直に浮上している。このとき，水から受ける抵抗力の大きさは速さ v に比例し，比例定数 b を用いて bv と表される。潜水艇の速さが一定になったとき，その速さ v はどのように表されるか。正しいものを，次の①～⑥のうちから一つ選べ。

① $\dfrac{(\rho V+M)g}{b}$ ② $\dfrac{(\rho V-M)g}{b}$ ③ $\dfrac{\rho Vg}{b}$ ④ $b(\rho V+M)g$

⑤ $b(\rho V-M)g$ ⑥ $b\rho Vg$

(2007 年)

7 [斜め方向に力を加えた物体の運動]　図のように，
あらい水平な床の上の点Oに質量 m の小物体が静
止している。この小物体に，床と角度 θ をなす矢印
の向きに一定の大きさ F の力を加えて，点Oから
距離 l にある点Pまで床に沿って移動させた。小
物体が点Pに達した直後に力を加えることをやめたところ，小物体は l' だけすべって点Qで
静止した。ただし，小物体と床の間の動摩擦係数を μ'，重力加速度の大きさを g とする。

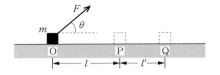

問1　点Oから点Pまで動く間に，小物体が床から受ける動摩擦力の大きさ f を表す式とし
て正しいものを，次の①〜⑦のうちから一つ選べ。

　① $\mu'(mg+F\sin\theta)$　　　② $\mu'(mg-F\sin\theta)$　　　③ $\mu'(mg+F\cos\theta)$

　④ $\mu'(mg-F\cos\theta)$　　　⑤ $\mu'(mg+F)$　　　⑥ $\mu'(mg-F)$　　　⑦ $\mu'mg$

問2　小物体が点Pに到達したときの速さを f を用いて表す式として正しいものを，次の
①〜⑥のうちから一つ選べ。

　① $\sqrt{\dfrac{2l(F+f)}{m}}$　　② $\sqrt{\dfrac{2l(F\sin\theta+f)}{m}}$　　③ $\sqrt{\dfrac{2l(F\cos\theta+f)}{m}}$　　④ $\sqrt{\dfrac{2l(F-f)}{m}}$

　⑤ $\sqrt{\dfrac{2l(F\sin\theta-f)}{m}}$　　⑥ $\sqrt{\dfrac{2l(F\cos\theta-f)}{m}}$

問3　点Pから点Qに達する直前まで動く間に，小物体が床から受ける動摩擦力の大きさ f'
を表す式として正しいものを，**問1**の①〜⑦のうちから一つ選べ。

問4　小物体が動き始めてから点Qに到達するまで，点Oと小物体との距離を時間の関数と
して表したグラフとして最も適当なものを，次の①〜⑥のうちから一つ選べ。

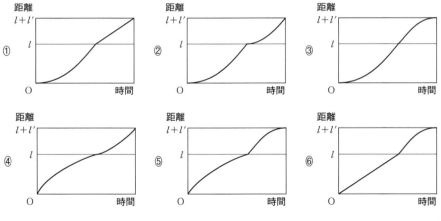

（2013 年　改）

8 ［摩擦力のはたらく斜面上にある物体の運動方程式］

図のように，板を用いて水平な床の上に傾きの角 θ の
斜面をつくる。板の表面は，物体の底面との間の摩擦
係数が点 B より上の部分と下の部分で異なるように
加工されている。この斜面上の点 A に置かれた質量
m の小さな物体の運動を考えよう。

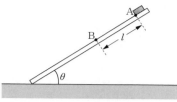

問1 斜面の傾きをゆっくりと大きくしていくと，点 A に静止していた物体が角度 $\theta = \theta_0$ の
とき滑り出した。θ_0 が満たす式として正しいものを，次の①〜⑥のうちから一つ選べ。た
だし，点 A での静止摩擦係数を μ とする。

① $\sin\theta_0 = \mu$ ② $\cos\theta_0 = \mu$ ③ $\tan\theta_0 = \mu$ ④ $\sin\theta_0 = \dfrac{1}{\mu}$ ⑤ $\cos\theta_0 = \dfrac{1}{\mu}$

⑥ $\tan\theta_0 = \dfrac{1}{\mu}$

問2 次に，角度 θ を θ_0 より大きな値に固定して点 A に物体を置いたところ，初速度 0 で滑
りはじめた。点 B より上の部分での動摩擦係数が μ' であるとき，点 B での物体の速さ v
はいくらか。正しいものを，次の①〜⑧のうちから一つ選べ。ただし，点 A と点 B の間
の距離を l とし，重力加速度の大きさを g とする。

① $\sqrt{2gl(\sin\theta - \mu'\cos\theta)}$ ② $\sqrt{2gl(\sin\theta + \mu'\cos\theta)}$ ③ $\sqrt{2gl(\cos\theta - \mu'\sin\theta)}$

④ $\sqrt{2gl(\cos\theta + \mu'\sin\theta)}$ ⑤ $\sqrt{gl(\sin\theta - \mu'\cos\theta)}$ ⑥ $\sqrt{gl(\sin\theta + \mu'\cos\theta)}$

⑦ $\sqrt{gl(\cos\theta - \mu'\sin\theta)}$ ⑧ $\sqrt{gl(\cos\theta + \mu'\sin\theta)}$

問3 問2において，点 B を通過したあと，物体は斜面上のある点で静止した。点 B を通過す
る時刻を t_0 とするとき，速さ v の時間変化を表すグラフとして最も適当なものを，次の
①〜⑥のうちから一つ選べ。

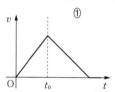
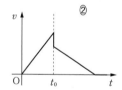
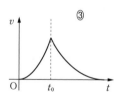

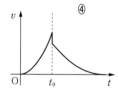
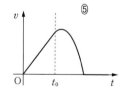
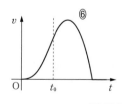

（2007 年）

9 ［滑車につながれた物体の運動方程式］　図のように，なめら
かで質量の無視できる滑車を天井に固定して糸をかけ，糸の
両端に質量 m の物体Ａと質量 $3m$ の物体Ｂを取り付ける。
糸がたるまない状態で，Ａが床に接するように，Ｂを手で支
えた。このとき，Ｂの床からの高さは h であった。手を<u>静か
に離す</u>と，Ｂは下降してやがて床に到達した。ただし，重力
加速度の大きさを g とする。

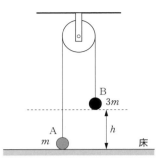

問1　Ｂが動き出してからＡ，Ｂが同じ高さになるまでの時
　　　間 t_1 を表す式として正しいものを，下の①〜⑥のうちか
　　　ら一つ選べ。

　　　① $\sqrt{\dfrac{8h}{g}}$　② $\sqrt{\dfrac{6h}{g}}$　③ $\sqrt{\dfrac{4h}{g}}$　④ $\sqrt{\dfrac{3h}{g}}$　⑤ $\sqrt{\dfrac{2h}{g}}$　⑥ $\sqrt{\dfrac{h}{g}}$

問2　ＢがＡと同じ高さになってから床に達するまでの時間 t_2 と，t_1 との関係を表す式とし
　　　て正しいものを，下の①〜⑦のうちから一つ選べ。

　　　① $t_2 = 2t_1$　　② $t_2 = \dfrac{1}{2}t_1$　　③ $t_2 = (\sqrt{2}-1)t_1$　　④ $t_2 = t_1$

　　　⑤ $t_2 = (2-\sqrt{2})t_1$　　⑥ $t_2 = \sqrt{2}\,t_1$　　⑦ $t_2 = \dfrac{1}{\sqrt{2}}t_1$

　　　　　　　　　　　　　　　　　　　　　　　　　　　　　　　　　　（2012 年　改）

10 ［斜面上にある，糸でつながれた2物体の運動方程式］　図1のよう
に，あらい斜面の上に質量 M の物体Ａを置く。Ａには糸で質量 m
のおもりＢがつながれ，Ｂは滑車を通して鉛直につり下げられてい
る。斜面が鉛直方向となす角度（頂角）θ は $0° < \theta \leqq 90°$ の範囲で
変えることができる。Ａと滑車の間では糸は常に斜面に平行に保
たれる。Ａと斜面の間の静止摩擦係数を μ，動摩擦係数を μ'，重力
加速度の大きさを g とする。

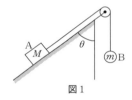

図1

　　［補足説明］滑車は軽く，またなめらかに回転できる。

問1　最初，Ａは斜面上に静止していた。頂角を徐々に大きくしていくと，角度が θ_1 を超えた
　　　ときにＢが降下し，Ａは上向きにすべり始めた。このとき，質量の比 $\dfrac{m}{M}$ を θ_1 で表す式
　　　として正しいものを，次の①〜⑥のうちから一つ選べ。
　　　① $1 - \mu\tan\theta_1$　② $1 + \mu\tan\theta_1$　③ $\cos\theta_1 - \mu\sin\theta_1$　④ $\cos\theta_1 + \mu\sin\theta_1$
　　　⑤ $-\mu\cos\theta_1 + \sin\theta_1$　⑥ $\mu\cos\theta_1 + \sin\theta_1$

問2　図2のように斜面を水平（$\theta = 90°$）にし，Ａを面上に置いて
　　　静かに離したところ，Ｂは降下し始めた。Ｂが距離 h だけ降下
　　　したときのＡの速さとして正しいものを，下の①〜⑥のうち
　　　から一つ選べ。ただし，このときＡは面の端まで達していな
　　　いとする。

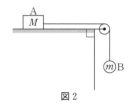

図2

　　　① $\sqrt{2gh}$　② $\sqrt{\dfrac{2mgh}{M}}$　③ $\sqrt{\dfrac{2mgh}{m+M}}$

　　　④ $\sqrt{\dfrac{2gh(m-\mu'M)}{m}}$　⑤ $\sqrt{\dfrac{2gh(m-\mu'M)}{M}}$　⑥ $\sqrt{\dfrac{2gh(m-\mu'M)}{m+M}}$

　　　　　　　　　　　　　　　　　　　　　　　　　　　　　　　　　　（2010 年）

11 ［糸でつながれた２物体の運動方程式］　次の文章（A・B）を読み，以下の問いに答えよ。

A　図1のように，水平な台の上に質量 M の木片を置き，台の端に取り付けた滑車を通して，伸び縮みしないひもで皿と結び，皿の上に質量 m のおもりをのせる。ただし，重力加速度の大きさを g とし，また，ひもと皿の質量は無視でき，滑車は軽くてなめらかに回転できるものとする。

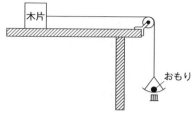

図1

まず，木片と台の間に摩擦がないとした場合の運動を考えよう。

問1　このとき，木片の加速度の大きさはいくらか。正しいものを，次の①～⑥のうちから一つ選べ。

① g　② $\dfrac{m}{M+m}g$　③ $\dfrac{M}{M+m}g$　④ $\dfrac{m}{M}g$　⑤ $\dfrac{M+m}{m}g$　⑥ $\dfrac{M+m}{M}g$

問2　また，ひもが木片を引く力の大きさはいくらか。正しいものを，次の①～⑥のうちから一つ選べ。

① Mg　② mg　③ $(M+m)g$　④ $\dfrac{m^2}{M+m}g$　⑤ $\dfrac{Mm}{M+m}g$　⑥ $\dfrac{M^2}{M+m}g$

B　実際には，木片と台の間には摩擦がある。静止摩擦係数 μ と動摩擦係数 μ' を求めるため，おもりの質量 m をいろいろと変えて木片の運動を調べ，次の結果を得た。

(1) $m \leqq m_1$ では，木片は運動しなかった。

(2) $m > m_1$ では，木片は等加速度で運動した。

(3) m と加速度の大きさ a の関係をグラフにすると，図2のようになった。

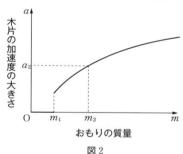

図2

問3　この結果から得られる木片と台の間の静止摩擦係数 μ の値はいくらか。正しいものを，次の①～⑥のうちから一つ選べ。

① $\dfrac{M}{m_1}$　② $\dfrac{M+m_1}{m_1}$　③ $\dfrac{M+m_1}{M}$　④ $\dfrac{m_1}{M}$　⑤ $\dfrac{m_1}{M+m_1}$　⑥ $\dfrac{M}{M+m_1}$

問4　木片が運動しているとき，ひもが木片を引く力の大きさを T とすると，木片の運動方程式として正しいものを，次の①～⑥のうちから一つ選べ。

① $Ma = mg$　② $Ma = mg + \mu'Mg$　③ $Ma = mg - \mu'Mg$　④ $Ma = T$
⑤ $Ma = T + \mu'Mg$　⑥ $Ma = T - \mu'Mg$

問5　図2のように $m = m_2$ のとき，加速度の大きさは a_2 であった。これから求められる動摩擦係数 μ' はいくらか。正しいものを，次の①～④のうちから一つ選べ。

① $\dfrac{m_2g + (M+m_2)a_2}{Mg}$　② $\dfrac{m_2g - (M+m_2)a_2}{Mg}$　③ $\dfrac{m_2g + (M-m_2)a_2}{Mg}$

④ $\dfrac{m_2g - (M-m_2)a_2}{Mg}$

問6　さらに，おもりの質量 m を大きくしていくと，加速度の大きさ a は，ある値に近づく。その値はいくらか。正しいものを，次の①～④のうちから一つ選べ。

① g　② $\mu'g$　③ $(1+\mu')g$　④ $(1-\mu')g$

(2001年)

12 [重なる２物体の運動方程式]　次の文章を読み，下の問い（A・B）に答えよ。

図１のように，質量 m の小物体が，水平な上面を持つ静止した台車（質量 M）の右端Bにの
っている。台車と小物体の間には摩擦力が働くが，台車
と床との間には摩擦力は働かないものとする。台車と小
物体の間の静止摩擦係数を μ，動摩擦係数を μ'，重力加
速度の大きさを g とする。

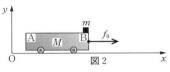

図１

A　図２のように，台車にロープをつけ，水平右向き（x
軸の正の向き）に一定の力 f_0 で引きつづけると，台車
と小物体は同じ加速度で動き始めた。

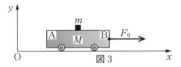

図２

問１　台車と小物体の加速度の大きさはいくらか。次の
①～④のうちから正しいものを一つ選べ。

①　$\dfrac{f_0+mg}{M+m}$　　　②　$\dfrac{f_0}{M}$　　　③　$\dfrac{f_0}{M+m}$　　　④　$\dfrac{f_0+mg}{M}$

問２　台車と小物体の間に働く摩擦力の大きさはいくらか。次の①～⑧のうちから正しいもの
を一つ選べ。

①　μmg　　②　$\mu' mg$　　③　$\dfrac{m}{M}f_0$　　④　$\dfrac{m}{M+m}f_0$　　⑤　μMg　　⑥　$\mu' Mg$

⑦　$\mu(M+m)g$　　⑧　$\mu'(M+m)g$

B　次に，台車を最初の位置に戻し，図３のようにロー
プを水平右向きに，f_0 より強い一定の力 F_0 で引きつ
づけた。すると，小物体と台車は異なる加速度で動き
始めた。

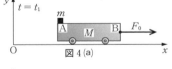

図３

問３　図３の状態で，台車が受ける合力の x 成分と小物体が受ける力の x 成分はそれぞれいく
らか。次の①～⑥のうちから正しいものを一つずつ選べ。

①　F_0　　②　$\mu' mg$　　③　$-\mu' mg$　　④　$F_0-\mu' mg$　　⑤　$\mu' mg-F_0$　　⑥　$F_0+\mu' mg$

問４　図３の状態で，台車の加速度の x 成分と小物体の加速度の x 成分はそれぞれいくらか。
次の①～⑥のうちから正しいものを一つずつ選べ。

①　$\dfrac{F_0}{m}$　②　$\mu' g$　③　$\dfrac{F_0-\mu' mg}{M}$　④　$\dfrac{F_0+\mu' mg}{M}$　⑤　$\dfrac{F_0-\mu' mg}{M+m}$　⑥　$\dfrac{F_0+\mu' mg}{M+m}$

問５　時刻 t_1 で小物体は図４(a)のように台車の左端
Aに達し，その後落下し始め，時刻 t_2 で図４(b)の
ように床に着地した。動き始めてから小物体が着
地するまでの間の台車の速度の x 成分 u，および
小物体の速度の x 成分 v と時間 t との関係を表
すグラフはどれか。次の①～④のうちから正しい
ものを一つ選べ。ただし，力を加え始めた時刻を
$t=0$ とし，u を実線で v を破線で表すものとする。

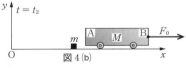

図４(a)

図４(b)

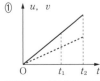

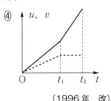

実線（——）は台車の速度の x 成分 u，破線（┈┈）は小物体の速度の x 成分 v

（1996年　改）

● エネルギー

13 [仕事]　図のように，水平面上に質量 m の物体を置き，壁との
間をばね定数 k のばねでつないだ。ばねの自然の長さからの
伸びを x で表し，面と物体の間の静止摩擦係数を μ，動摩擦係
数を μ'，重力加速度の大きさを g とする。

問1　ばねが自然の長さにある状態から，図のように手で水平に物体に力を加え，ばねを引き
伸ばした。ばねの伸びが x になるまでに，摩擦力によってなされた仕事を表す式として正
しいものを，次の①〜⑧のうちから一つ選べ。

①　μmgx 　　②　$\dfrac{1}{2}\mu mgx$ 　　③　$\mu' mgx$ 　　④　$\dfrac{1}{2}\mu' mgx$

⑤　$-\mu mgx$ 　　⑥　$-\dfrac{1}{2}\mu mgx$ 　　⑦　$-\mu' mgx$ 　　⑧　$-\dfrac{1}{2}\mu' mgx$

問2　問1の過程において，ばねの伸びが x になるまでに，手によってなされた仕事を表す式
として正しいものを，次の①〜⑧のうちから一つ選べ。

①　$\dfrac{1}{2}kx^2$ 　　②　kx^2 　　③　$\mu' mgx$ 　　④　$\mu' mg$

⑤　$\dfrac{1}{2}kx^2+\mu' mgx$ 　　⑥　$\dfrac{1}{2}kx^2+\mu' mg$ 　　⑦　$kx^2+\mu' mgx$ 　　⑧　$kx^2+\mu' mg$

問3　問1の過程の最後に手を止めて静かに離したところ，物体は静止していた。手を離した
あとも物体が静止しているようなばねの伸び x の最大値 x_0 はいくらか。正しいものを，
次の①〜④のうちから一つ選べ。

①　$\dfrac{\mu mg}{k}$ 　　②　$\dfrac{2\mu mg}{k}$ 　　③　$\dfrac{\mu' mg}{k}$ 　　④　$\dfrac{2\mu' mg}{k}$ 　　　　　　（2006 年　改）

14 [重力による位置エネルギーと運動エネルギー]　長さ L の質量が無視できる棒の一端を，鉛直
面内でなめらかに回転できるように支点に取り付け，他端に質量 m のお
もりを取り付けた。支点の鉛直上方でおもりを静かに離すと，棒は重力に
よって鉛直面内で図のように反時計回りに回転し始めた。

問1　鉛直上方から測った棒の角度 θ とおもりの速さ v との関係を表す
グラフとして最も適当なものを，下の①〜④のうちから一つ選べ。た
だし，グラフには $0°<\theta\leqq 180°$ の範囲が示されている。重力加速度
の大きさを g とし，空気の影響は無視できるものとする。

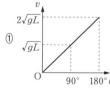
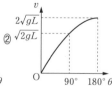
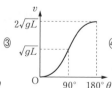

問2　$\theta=0°$ から $180°$ に変化する間に，棒がおもりに及ぼす力がする仕事 W_1，重力がおもり
にする仕事 W_2 を表す式はそれぞれどうなるか。正しいものを，次の①〜⑦のうちから一
つずつ選べ。

①　0 　　②　$\dfrac{1}{2}mgL$ 　　③　mgL 　　④　$2mgL$ 　　⑤　$-\dfrac{1}{2}mgL$ 　　⑥　$-mgL$ 　　⑦　$-2mgL$

（2011 年　改）

15 [弾性エネルギー] 図のように，ばね定数 k の軽いば
ねを天井からつり下げ，質量 m の小物体を，手で下か
らばねに押し当て，ばねを自然の長さから鉛直上向き
に d だけ縮めた。この状態から小物体を支える手を
離すと，重力とばねの力により，小物体は初速度 0 で
鉛直下向きに運動し始めた。小物体は，ばねが自然の
長さに達した後に，ばねから離れて，落下運動を続け
た。重力加速度の大きさを g とする。

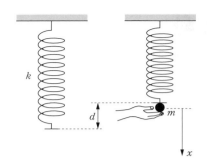

問1 ばねが自然の長さに達した瞬間の小物体の運動
　　エネルギーを表す式として正しいものを，次の①～⑤のうちから一つ選べ。

　　① mgd 　　② $\dfrac{1}{2}kd^2$ 　　③ $mgd+\dfrac{1}{2}kd^2$ 　　④ $mgd-\dfrac{1}{2}kd^2$ 　　⑤ $\dfrac{1}{2}kd^2-mgd$

問2 小物体を支える手を離した後の小物体の運動を考える。図に示す小物体の位置から小物
　　体が運動した距離 x と，加速度の大きさとの関係を表すグラフとして最も適当なものを，
　　次の①～⑥のうちから一つ選べ。

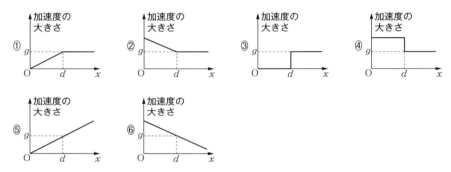

(2012年)

16 [力学的エネルギーの保存] 水平面と角度 θ をなす
なめらかな斜面上に，ばね定数 k のばねの上端を固定
し，その下端に質量 m の物体を長さ l の糸でつない
だ。ばねが自然の長さのときのばねの下端の位置を点
A とする。はじめ，物体を手で支えて，点 A に静止さ
せておいた。ただし，物体の位置は，糸のついた面の
位置で示すこととする。

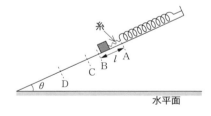

　物体から手を静かに離すと，図のように物体は点 A から斜面に沿って下方にすべり出し，点
B で糸がぴんと張った。物体はさらに下方にすべり，やがて物体の速さは点 C で最大になり，
その後，物体は最下点 D に到達した。

　ばねと糸の質量および糸の伸びは無視できるものとし，重力加速度の大きさを g とする。

問1 点 A から物体の速さが最大となる点 C までの距離として正しいものを，次の①～⑥の
　　うちから一つ選べ。

　　① l 　　② $l+\dfrac{mg}{k}$ 　　③ $l+\dfrac{mg}{k}\sin\theta$ 　　④ $l+\dfrac{mg}{k}\cos\theta$ 　　⑤ $l+\dfrac{mg}{k\sin\theta}$ 　　⑥ $l+\dfrac{mg}{k\cos\theta}$

問2　物体は点 C を通過した後，最下点 D で速さが 0 となった。物体が最初の位置 A から点 D まで降下する間，重力による位置エネルギーとばねの弾性力による位置エネルギーの和を，点 A から物体までの距離の関数として表したグラフとして最も適当なものを，次の①～④のうちから一つ選べ。

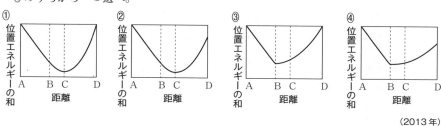

（2013 年）

17　[摩擦力がはたらく場合の物体のエネルギー]　図のように，水平面の左右に斜面がなめらかにつながった面がある。この面は，水平面上の長さ L の部分 AB だけがあらく，その他の部分はなめらかである。小物体を左側の斜面上の高さ h の点 P に置き，静かに手を離した。ただし，小物体とあらい面との間の動摩擦係数を μ'，重力加速度の大きさを g とする。

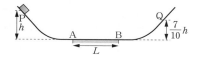

問1　小物体が点 P を出発してから初めて点 A を通過するときの速さを表す式として正しいものを，次の①～⑥のうちから一つ選べ。

①　$\dfrac{gh}{2}$　　②　gh　　③　$2gh$　　④　$\sqrt{\dfrac{gh}{2}}$　　⑤　$\sqrt{gh}$　　⑥　$\sqrt{2gh}$

問2　その後，小物体は AB を通過して，右側の斜面を滑り上がり，高さが $\dfrac{7}{10}h$ の点 Q まで到達したのち斜面を下り始めた。μ' を表す式として正しいものを，次の①～⑥のうちから一つ選べ。

①　$\dfrac{3h}{10L}$　　②　$\dfrac{7h}{10L}$　　③　$\dfrac{h}{L}$　　④　$\dfrac{10L}{3h}$　　⑤　$\dfrac{10L}{7h}$　　⑥　$\dfrac{L}{h}$

問3　次の文章中の空欄　ア ・ イ　に入れる数および式として正しいものを，下のそれぞれの解答群から一つずつ選べ。

　小物体は，面上を何回か往復運動をしてから AB 間のある点 X で静止した。小物体は，点 P を出発してから点 X で静止するまでに，点 A を　ア　回通過した。また，AX 間の距離は　イ　であった。

　ア　の解答群
①　1　　②　2　　③　3　　④　4　　⑤　5

　イ　の解答群
①　$\dfrac{1}{6}L$　　②　$\dfrac{1}{3}L$　　③　$\dfrac{1}{2}L$　　④　$\dfrac{2}{3}L$　　⑤　$\dfrac{5}{6}L$

（2012 年）

18 [熱量] 比熱の測定について考えよう。

　熱量計の熱容量があらかじめわからなくても，比熱のわかっている
金属 A を利用すれば金属 B の比熱を測定することができる。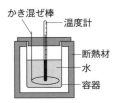

問1　図のような熱量計（かき混ぜ棒と容器および温度計からなる）
に適当な量の水を入れ，じゅうぶん時間が経過した後の温度は t
であった。金属 A（比熱 c_A，質量 m）をあたためて，t よりじゅ
うぶん高い温度 t_0 にした後，熱量計に入れ，かき混ぜ棒で内部の
水をゆっくりとかき混ぜたところ温度は t_1 となった。金属 A の失った熱量はいくらか。
正しいものを，次の①〜④のうちから一つ選べ。

　　① $c_A(t_1-t)$　　　　② $c_A(t_0-t_1)$　　　　③ $mc_A(t_1-t)$　　　　④ $mc_A(t_0-t_1)$

問2　次に，問1と同じ条件下で，金属 A と同じ質量の金属 B について同じ実験を行ったと
ころ，かき混ぜた後の温度は t_2 となった。熱量計とその内部の水を合わせたもの全体の熱
容量が金属 A に対する測定時と同じであることを使うと，金属 B の比熱はいくらか。正
しいものを，次の①〜④のうちから一つ選べ。

　　① $c_A \dfrac{(t_0-t_1)(t_2-t)}{(t_0-t_2)(t_1-t)}$　　② $c_A \dfrac{(t_0-t_2)(t_1-t)}{(t_0-t_1)(t_2-t)}$　　③ $c_A \dfrac{(t_0-t_2)(t_0-t_1)}{(t_1-t)(t_2-t)}$

　　④ $c_A \dfrac{(t_0-t_1)(t_2-t)}{(t_0-t)(t_2-t_1)}$

問3　金属 B の比熱を，これまでの実験と同じ手順，同じ条件でもう一度測定しようとした。
ところが，あたためた金属 B を熱量計に入れる直前に，水の一部が断熱材の外部にこぼれ
てしまった。それでも測定を続けた場合，こぼれたことを無視して求めた比熱は，水がこ
ぼれなかったときの正しい値より大きくなるか小さくなるか。理由を含めて最も適当なも
のを，次の①〜④のうちから一つ選べ。

　　① かき混ぜた後の全体の温度は，正確な実験における値より低くなるため，測定された
　　　比熱は正しい値より大きくなる。

　　② かき混ぜた後の全体の温度は，正確な実験における値より低くなるため，測定された
　　　比熱は正しい値より小さくなる。

　　③ かき混ぜた後の全体の温度は，正確な実験における値より高くなるため，測定された
　　　比熱は正しい値より大きくなる。

　　④ かき混ぜた後の全体の温度は，正確な実験における値より高くなるため，測定された
　　　比熱は正しい値より小さくなる。

（2000 年）

19 [熱エネルギーの移動]　お茶の冷まし方について考えよう。

問1　次の文章中の空欄　ア　・　イ　に入れる
数式の組合せとして正しいものを，下の①～⑨
のうちから一つ選べ。

急須に入った熱いお茶を，二つの湯飲みを用
いて冷ましたい。ただし，二つの湯飲みは初め
室温にあり，同じ熱容量をもつものとする。次
の二つの方法を比べてみよう。

　　方法A：図1のように，全量を一つ目の湯飲
　　　　　みに入れたあと，二つ目の湯飲みに移す。
　　方法B：図2のように，全量を二つの湯飲み
　　　　　に均等にわけたあと，一つの湯飲みにまとめる。

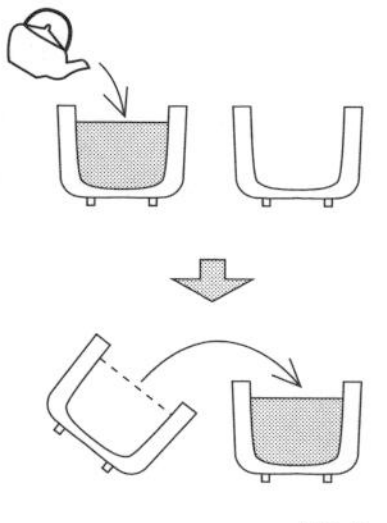

方法Aで一つ目の湯飲みが受け取った熱量 Q_A と，方法Bで
空になった湯飲みが受け取った熱量 Q_B の関係は　ア　で
あり，方法Aで冷ましたお茶の温度 T_A と，方法Bで冷まし
たお茶の温度 T_B の関係は　イ　となる。ただし，これらの
過程では，お茶と湯飲みはすぐに同じ温度になるとし，湯飲
み以外への熱の流出は無視できるものとする。

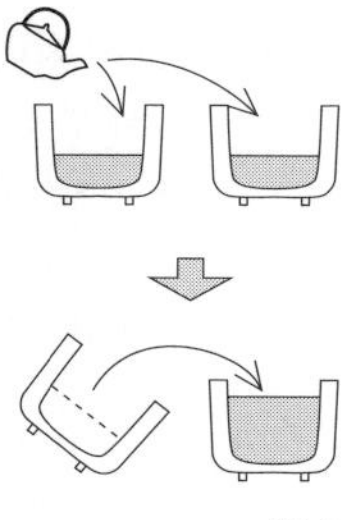

方法A　　　　　方法B

図1　　　　　図2

	ア	イ
①	$Q_A > Q_B$	$T_A > T_B$
②	$Q_A > Q_B$	$T_A = T_B$
③	$Q_A > Q_B$	$T_A < T_B$
④	$Q_A = Q_B$	$T_A > T_B$
⑤	$Q_A = Q_B$	$T_A = T_B$
⑥	$Q_A = Q_B$	$T_A < T_B$
⑦	$Q_A < Q_B$	$T_A > T_B$
⑧	$Q_A < Q_B$	$T_A = T_B$
⑨	$Q_A < Q_B$	$T_A < T_B$

問2　次に，空気中への熱の放出によるお茶の温度変化について
考えよう。お茶は，時刻 0 で温度 T_0 であったが，しだいに
冷めていき，やがて室温 T_1 になった。図3はその間の温度
変化を示す。お茶が，時刻 0 から t までの間に放出した熱の
総量 Q を表すグラフとして最も適当なものを，下の①～⑥
のうちから一つ選べ。

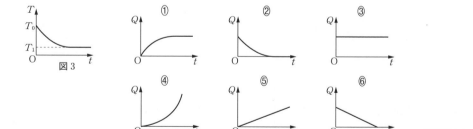

図3

(2007年)

20 [さまざまなエネルギー]　次の①～④の四つのエネルギーのうち，最も大きいものと最も小さ
いものはどれか。正しいものを，次の①～④のうちから一つずつ選べ。ただし，重力加速度の
大きさを $9.8\,\mathrm{m/s^2}$ とし，水の比熱を $4.2\,\mathrm{J/(g \cdot K)}$ とする。

① 質量 $10\,\mathrm{g}$ の水の温度を $2.0\,\mathrm{K}$ だけ上昇させるのに必量な熱エネルギー

② $100\,\mathrm{V}$ 用 $60\,\mathrm{W}$ の電球に $100\,\mathrm{V}$ の電圧をかけているときに，1.0 秒間に消費される電気的エ
ネルギー

③ 質量 $1.0\,\mathrm{kg}$ の物体を鉛直上方に $10\,\mathrm{m}$ だけ移動させたときに増える物体のもつ位置エネ
ルギー

④ 質量 $1.0\,\mathrm{kg}$ の物体が速さ $10\,\mathrm{m/s}$ で動いているときの運動エネルギー

(2002年)

● 波

21 ［波の図の読み取り］ 媒質の振動が x 軸の正の向きに速さ 20 m/s で伝わる振幅 A の波（正弦波）を考える。図は時刻 $t = 0$ s における媒質の変位と位置 x の関係を表すグラフである。位置 $x = 15$ m での変位が時間 t とともにどのように変化するかを表す図として最も適当なものを，下の①〜④のうちから一つ選べ。

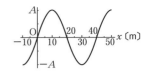

 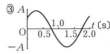 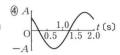

（2010 年）

22 ［波の合成］ 図は，互いに逆向きに進む二つのパルス波の，ある時刻における波形を表している。この後，二つのパルス波がそれぞれ矢印の向きに 3 目盛り進んだときの合成波の波形を表す図として正しいものを，下の①〜⑥のうちから一つ選べ。

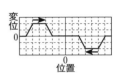

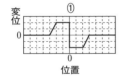 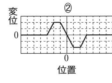 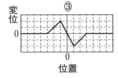

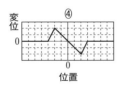 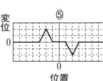 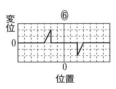

（2008 年）

23 ［波の反射］ 右端に壁がある媒質に左から図のような形の波を送った。このとき，右端の壁で反射された波の形はどうなるか。問 1・問 2 のそれぞれについて，最も適当なものを，下の①〜④のうちから一つずつ選べ。

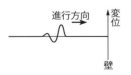

問 1 右端の壁が固定端の場合

問 2 右端の壁が自由端の場合

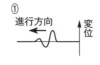 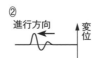 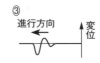 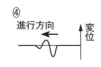

（2011 年　改）

24 [定常波] 図1のように，一様な弦の一端に電磁おんさをつな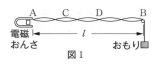
ぎ，他端に滑車を通しておもりをつるした。電磁おんさで弦に
一定の振動数の振動を与えて波を発生させ，図のABの距離を
調整してlにしたところ，A，Bの他に4個の節をもつ定常波
ができた。なお，定常波は，速さ，波長，振幅が同じで互いに
逆向きに進む二つの波を重ね合わせたものと考えられる。下の
問いの答えを，それぞれの解答群のうちから一つずつ選べ。

問1 図1の定常波の波長λはいくらか。

① $\frac{1}{4}l$ ② $\frac{3}{4}l$ ③ $\frac{1}{5}l$ ④ $\frac{2}{5}l$ ⑤ $\frac{3}{5}l$ ⑥ $\frac{4}{5}l$

問2 図2は，図1に示した定常波の腹の一つCにおける，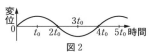
弦の変位の時間的変化を表したものである。図2の時間
t_0と定常波の波長λを使って，定常波をつくっている互
いに逆向きに進む二つの波の速さvを求めよ。

① $\frac{\lambda}{2\pi t_0}$ ② $\frac{\lambda}{\pi t_0}$ ③ $\frac{\pi\lambda}{2t_0}$ ④ $\frac{\pi\lambda}{t_0}$ ⑤ $\frac{\lambda}{4t_0}$ ⑥ $\frac{\lambda}{2t_0}$

問3 図1に示した節Dの付近で，互いに逆向きに進む二つの波のようすを考えてみよう。
右に進む波（太い実線）と左に進む波（破線）の，ある瞬間の波形を正しく表している図は
どれか。ただし，矢印はそれぞれの波の進行方向を表し，細い直線は波のないときの弦の
位置を表している。

(1991年)

25 [うなり]　バイオリンのある弦をはじくと，振動数440.0 Hzの音を発生するおんさの音より
わずかに低い音がした。バイオリンの弦をはじくと同時におんさを鳴らしたところ，0.5秒の
周期でうなりが聞こえた。このとき，この弦の振動数として最も適当なものを，次の①〜⑥の
うちから一つ選べ。

① 438.0 Hz ② 439.0 Hz ③ 439.5 Hz ④ 440.5 Hz ⑤ 441.0 Hz ⑥ 442.0 Hz

(2013年)

26 [弦の振動]　次の文章中の空欄 ［ ア ］・［ イ ］ に入れる数値とし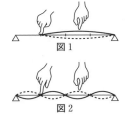
て最も適当なものを，下の①〜⑥のうちから一つずつ選べ。ただし，
同じものを繰り返し選んでもよい。

　ギターのある弦は，どこも押さえずに弾くと振動数330 Hzの音
が出る。図1のように，この弦の長さの$\frac{3}{4}$の場所を強く押さえて
弾くと，振動数 ［ ア ］ Hzの音が出た。同じ場所を軽く押さえて弾
いたところ，押さえた点が振動の節になる図2のような定常波が生
じ，振動数 ［ イ ］ Hzの音が出た。

① 220 ② 248 ③ 440 ④ 660 ⑤ 990 ⑥ 1320

(2007年)

27 ［弦を伝わる波の速さ］　何本かの同じ弦の一方の端を固定し，他端にいろいろな質量のおもりを下げて強く張り，図1のような装置を作った。これを用い，弦のAB間の中心をはじいて<u>基本振動</u>を生じさせる実験を行って，振動数 f がおもりの質量 m やAB間の弦の長さ L とともにどのように変化するかを調べた。

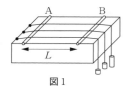

図1

　m と L のうち一方だけを変化させて，振動数 f を測定したところ，次のような二つのグラフが得られた。

図2a：弦の長さ L を一定にして，おもりの質量 m だけを変えた。

図2b：おもりの質量 m を一定にして，弦の長さ L だけを変えた。

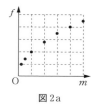

図2a 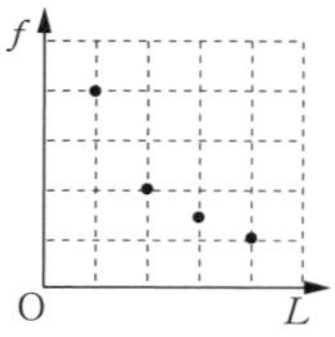　　　　　　図2b

問1　上の二つの実験結果から，振動数 f を表す式として正しいと考えられるものはどれか。次の①～⑥のうちから一つ選べ。ただし，k は定数である。

① $f = k\dfrac{\sqrt{m}}{L}$　　　② $f = k\sqrt{\dfrac{m}{L}}$　　　③ $f = k\dfrac{m}{L}$

④ $f = k\dfrac{m}{\sqrt{L}}$　　　⑤ $f = k\dfrac{m^2}{L}$　　　⑥ $f = k\dfrac{m^2}{\sqrt{L}}$

問2　一本の弦のAB間の中心を押さえながら，その弦を鳴らした。<u>押さえないときと比較して</u>どのような変化が起きたか。次の①～④のうちから正しいものを一つ選べ。

①　弦を伝わる波の速さは増加し，振動数は変わらない。

②　弦を伝わる波の速さは減少し，振動数は変わらない。

③　弦を伝わる波の振動数は増加し，波の速さは変わらない。

④　弦を伝わる波の振動数は減少し，波の速さは変わらない。

問3　問2の実験のとき，AB間が同じ長さの隣の弦が共鳴した。これらの弦につるされているおもりの質量の比として最も適当なものはどれか。次の①～⑤のうちから一つ選べ。

①　2：1　　②　3：1　　③　3：2　　④　4：1　　⑤　4：3

（1998年）

28 [閉管の共鳴] 図のように，一方の端を閉じた細長い管の開口端付近にスピーカーを置いて音を出す。音の振動数を徐々に大きくしていくと，ある振動数 f のときに初めて共鳴した。このとき，管内の気柱には図のような開口端を腹とする定常波ができている。そのときの音の波長を λ とする。さらに振動数を大きくしていくと，ある振動数のとき再び共鳴した。このときの音の振動数 f' と波長 λ' の組合せとして最も適当なものを，表の①〜⑥のうちから一つ選べ。

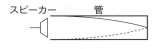

	f'	λ'
①	$\dfrac{3f}{2}$	$\dfrac{\lambda}{3}$
②	$\dfrac{3f}{2}$	$\dfrac{2\lambda}{3}$
③	$2f$	$\dfrac{3\lambda}{2}$
④	$2f$	$\dfrac{\lambda}{2}$
⑤	$3f$	$\dfrac{2\lambda}{3}$
⑥	$3f$	$\dfrac{\lambda}{3}$

(2009 年)

29 [開管・閉管の共鳴] 管楽器は，管の口に息を吹きつけたときに起こる気柱の共鳴を利用して音を出す。共鳴が生じるときの音の振動数について考える。

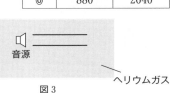

図1

図2

問1 次の文章中の空欄 ア ・ イ に入れる数値の組合せとして最も適当なものを，下の①〜⑥のうちから一つ選べ。

図1のように細長い管を用意し，管の一端の近くに振動数 f の音源を置く。音源の振動数 f を 0 から徐々に大きくしていくと，$f = 440\,\text{Hz}$ で初めて共鳴が生じた。

次に図2のように同じ管の一端を手で閉じて同様の実験を行う。音源の振動数 f を 0 から徐々に大きくしていくと， ア Hz に近くなったときに初めて共鳴が生じた。さらに振動数を大きくしていくと， イ Hz に近くなったときにも共鳴が生じた。

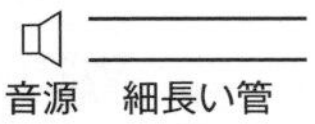

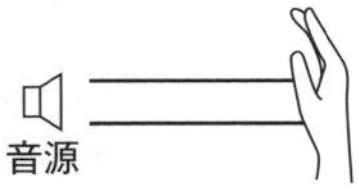

	ア	イ
①	220	440
②	220	660
③	440	880
④	440	1320
⑤	880	1760
⑥	880	2640

問2 図3のように，問1と同じ細長い管と音源を，ヘリウムガスを満たした十分大きな容器内に入れる。音源の振動数 f を 0 から徐々に大きくしていくとき，初めて共鳴が起こる振動数は何 Hz か。最も適当な数値を，下の①〜⑤のうちから一つ選べ。ただし，ヘリウムガス中の音速は，空気中の音速の 3 倍であるとする。

図3

① 147 Hz　　② 440 Hz　　③ 660 Hz　　④ 1320 Hz　　⑤ 2640 Hz　　(2012 年)

30 [クントの実験]　図は，音波に関する
クントの実験装置とよばれるものを上
から見た概略図である。AB は，長さ
L の金属棒で，その中央 C はしっかり
固定され，一端 B にはコルク栓が取り

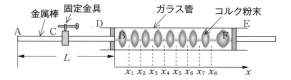

付けられている。DE はガラス管で，右側のコルク栓 F の位置は自由に調節できる。ガラス管
内には，はじめコルクの粉末が一様にまかれていた。

　いま，金属棒の AC の部分を棒の方向に強くこすり，棒 AB に C を節とし，A と B を腹と
する縦波の基本振動をおこさせると，その振動はガラス管内の空気に伝わり，管内の気柱が振
動した。

　このとき，気柱が棒 AB の基本振動に共鳴（共振）するように，コルク栓 F の位置を調節し
たところ，気柱の振動の腹部分にあたる位置のコルク粉末は，ふり動かされて，図のようにほ
ぼ等間隔のしまの模様ができた。そこでガラス管に沿って，コルク粉末の濃くかたまった位置
$x_1 \sim x_8$ の値を読み取り，表にまとめた。

		表						
位　　置	x_1	x_2	x_3	x_4	x_5	x_6	x_7	x_8
読み取った値〔cm〕	0.0	10.3	19.9	30.7	40.3	50.9	59.9	69.8

　下の問いの答えを，それぞれの解答群のうちから一つずつ選べ。

問1　表のデータを有効に使って，気柱に生じた定常波の波長 λ を求めるために，次の計算を
考えた。
$$\lambda = k\{(x_5 - x_1) + (x_6 - x_2) + (x_7 - x_3) + (x_8 - x_4)\}$$
係数 k の正しい値はいくらか。

　① $\dfrac{1}{3}$　　　② $\dfrac{1}{4}$　　　③ $\dfrac{1}{6}$　　　④ $\dfrac{1}{8}$　　　⑤ $\dfrac{1}{12}$　　　⑥ $\dfrac{1}{16}$

問2　表のデータから，気柱に生じた定常波の振動数 f を求めよ。ただし，ガラス管内の音速
v は 3.4×10^2 m/s である。

　① 1.2×10^2 Hz　　② 1.7×10^2 Hz　　③ 3.5×10^2 Hz　　④ 1.2×10^3 Hz

　⑤ 1.7×10^3 Hz　　⑥ 3.5×10^3 Hz

問3　金属棒を伝わる縦波の速さ V を，棒の長さ L，共鳴（共振）により気柱に生じた定常波
の波長 λ および管内の音速 v で表せ。ただし，金属棒には基本振動が生じているものとす
る。

　① $\dfrac{Lv}{\lambda}$　　② $\dfrac{2Lv}{\lambda}$　　③ $\dfrac{3Lv}{\lambda}$　　④ $\dfrac{4Lv}{\lambda}$　　⑤ $\dfrac{\lambda v}{L}$　　⑥ $\dfrac{2\lambda v}{L}$　　⑦ $\dfrac{3\lambda v}{L}$　　⑧ $\dfrac{4\lambda v}{L}$

（1990年　改）

● 電気

31 ［箔検電器］　図1のような装置は箔検電器と呼ばれ，箔の開き方か

発展 ら電荷の有無や帯電の程度を知ることができる。箔検電器を用いて
行う静電気の実験について考えよう。

問1　箔検電器の動作を説明する次の文章の空欄 ア ～ ウ
に入れる記述 a ～ c の組合せとして最も適当なものを，下の
①～⑥のうちから一つ選べ。

　　帯電していない箔検電器の金属板に正の帯電体を近づけると，
ア ため自由電子が引き寄せられる。その結果，金属板は負
に帯電する。一方，箔検電器内では イ ため帯電体か
ら遠い箔の部分は自由電子が減少して正に帯電する。帯電
した箔は， ウ ため開く。

　　a　同種の電荷は互いに反発しあう
　　b　異種の電荷は互いに引き合う
　　c　電気量の総量は一定である

図1

	ア	イ	ウ
①	a	b	c
②	a	c	b
③	b	a	c
④	b	c	a
⑤	c	a	b
⑥	c	b	a

問2　箔検電器に電荷 Q を与えて，図2(a)で示し
たように箔を開いた状態にしておいた。次に箔
検電器の金属板に，負に帯電した塩化ビニル棒
を遠方から近づけたところ，箔の開きは次第に
減少して図2(b)のように閉じた。初めに与えた
電荷 Q と図2(b)の状態の金属板の部分にある
電荷 Q' にあてはまる式の組合せとして正しい
ものを，下の①～⑥のうちから一つ選べ。

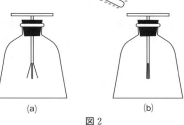

(a)　　　　　　　　(b)

図2

　①　$Q > 0,\ Q' > 0$　　　　②　$Q > 0,\ Q' = 0$　　　　③　$Q > 0,\ Q' < 0$
　④　$Q < 0,\ Q' > 0$　　　　⑤　$Q < 0,\ Q' = 0$　　　　⑥　$Q < 0,\ Q' < 0$

問3　図2(b)の状態からさらに棒を近づけると再び箔は開いた。このと
き箔の部分にある電荷は正負いずれか。また，その状態のまま図3
のように金属板に指で触れた。指で触れているときの箔の開きは，
触れる前と比べてどうなるか。電荷の正負と箔の開き方の組合せと
して最も適当なものを，下の①～⑥のうちから一つ選べ。

図3

	電荷の正負	箔の開き方
①	正	大きくなる
②	正	変わらない
③	正	小さくなる
④	負	大きくなる
⑤	負	変わらない
⑥	負	小さくなる

(2009年)

32 [電流]　起電力 20 V の電池に電気抵抗 500 Ω の抵抗器をつなぎ，10 秒間だけ電流を流した。この間に電池が流した電気量は電子何個分に相当するか。最も適当な数値を，次の①～⑧のうちから一つ選べ。ただし，電子 1 個の電気量の大きさは 1.6×10^{-19} C とする。また，このとき電池の内部抵抗は無視できるものとする。

① 6.4×10^{-21} 個分　② 6.4×10^{-20} 個分　③ 2.5×10^{17} 個分　④ 2.5×10^{18} 個分

⑤ 1.6×10^{20} 個分　⑥ 1.6×10^{21} 個分　⑦ 6.3×10^{22} 個分　⑧ 6.3×10^{23} 個分　(2009 年)

33 [電流と流れる電気量]　充電された携帯電話用の電池は流すことのできる電気量が限られている。図は，完全に充電したある携帯電話用の電池にある抵抗器をつないだとき，抵抗器を流れる電流の時間変化を表している。この電池を携帯電話に使う場合，通話時に流れる電流が 100 mA で一定であるとすると，最大何時間

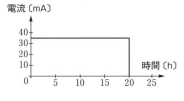

の連続通話が可能か。最も適当な数値を，下の①～⑥のうちから一つ選べ。ただし，一回の完全充電後この電池が流すことのできる電気量は，流す電流によらず一定であるとする。

① 2 時間　② 7 時間　③ 10 時間　④ 20 時間　⑤ 35 時間　⑥ 57 時間　(2009 年)

34 [オームの法則]　図 1 のように，抵抗値を連続的に変えられる抵抗（可変抵抗）に起電力 E の電池と電流計を直列につなぐ。可変抵抗の値を R_0 にすると，電流計を流れる電流の大きさは I_0 であった。ただし，電池内部の抵抗は無視できるものとする。

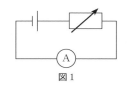

図 1

問 1　可変抵抗の値を R_0 から $2R_0$ まで変化させたときの電流の大きさの変化を表すグラフとして最も適当なものを，次の①～⑥のうちから一つ選べ。

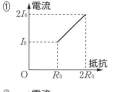 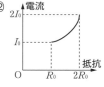 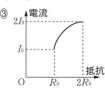

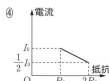 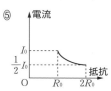 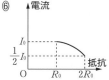

問 2　抵抗値が R_0 の抵抗二つと起電力が E の電池二つを，図 2 の回路(a)，(b)のように接続する。それぞれの回路で電流計を流れる電流の大きさを I_a，I_b とするとき，I_0，I_a，I_b の大小関係として正しいものを，下の①～⓪のうちから一つ選べ。

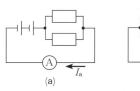 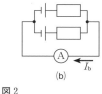

図 2

① $I_a = I_b = I_0$　② $I_a < I_b < I_0$　③ $I_a < I_0 < I_b$　④ $I_a = I_0 < I_b$　⑤ $I_b < I_0 < I_a$

⑥ $I_b = I_0 < I_a$　⑦ $I_b < I_a < I_0$　⑧ $I_0 < I_b < I_a$　⑨ $I_0 < I_a < I_b$　⓪ $I_0 < I_a = I_b$

(2007 年)

35 [直流回路]　図1のように，三つの抵抗R_1，R_2，R_3から
なる電気回路に，一定電圧30 Vを発生する直流電源と
電流計を接続した。R_1，R_2の抵抗値はそれぞれ60 Ωと
20 Ωであるが，R_3の抵抗値は分かっていない。ただし，
電流計の内部抵抗は無視するものとする。

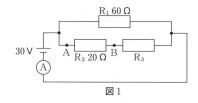
図1

問1　次の文章中の空欄　ア　・　イ　に入る数値と
　して最も適当なものを，下のそれぞれの解答群から一つずつ選べ。

　　　図1のA，B間の電圧の値は12 Vであった。このことから，R_3の抵抗値は　ア　Ωで
　あり，電流計を流れる電流は　イ　Aである。

　　　ア　の解答群

　　　① 3.0　　② 15　　③ 20　　④ 30　　⑤ 40　　⑥ 60

　　　イ　の解答群

　　　① 0.27　　② 0.60　　③ 1.1　　④ 2.0　　⑤ 3.7　　⑥ 11

問2　図2のように，R_1とR_2はそのままにして，R_3を
　可変抵抗（抵抗値を連続的に変えられる抵抗）R_4と
　つなぎ換えた。R_1とR_2で消費される電力をそれぞ
　れP_1，P_2とする。R_4の抵抗値を0 Ωから大きくし
　ていったときのP_1とP_2の変化に関する語句の組
　合せとして最も適当なものを，下の①〜⑨のうちか
　ら一つ選べ。

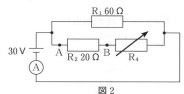
図2

	P_1	P_2
①	増加する	増加する
②	増加する	変化しない
③	増加する	減少する
④	変化しない	増加する
⑤	変化しない	変化しない
⑥	変化しない	減少する
⑦	減少する	増加する
⑧	減少する	変化しない
⑨	減少する	減少する

（2013年）

36 [抵抗の性質]　全長25.0 mの一様な太さのニクロム線を図1
のように横10.0 m，たて5.0 mのコの字型に折り曲げ，ニクロ
ム線の両端に電圧15 Vの直流電源と電流計を直列に接続した。
このとき，ニクロム線に流れる電流は0.15 Aであった。

問1　図2のように，ニクロム線の左端から距離5.0 mの位置に
　抵抗を接続したところ，電流計の示す電流の値は0.25 Aとな
　った。接続した抵抗の大きさはいくらか。最も適当な数値を，
　下の①〜⑥のうちから一つ選べ。

　　　① 10 Ω　　② 20 Ω　　③ 30 Ω　　④ 60 Ω　　⑤ 100 Ω　　⑥ 200 Ω

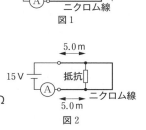
図1

図2

問2　図2の抵抗をとりはずし，図3のように 20 Ω の抵抗をニクロム線と直列に接続した。ニクロム線の左端から距離 L （$0 \leqq L \leqq 10.0\,\mathrm{m}$）の位置に銅線を置き，その両端をニクロム線に接続した。電流計の示す電流の値を I とするとき，I と L の関係を表すグラフとして最も適当なものを，下の①〜⑤のうちから一つ選べ。ただし，銅線の抵抗は無視できるものとする。

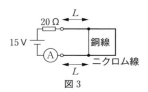

図3

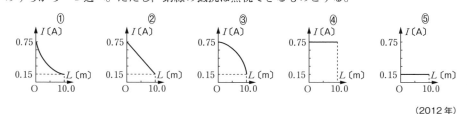

（2012年）

---

37 ［変圧器と送電］　家庭で使われる交流の電気は，発電所からの電気を変圧器（トランス）で何段階か電圧を変えて送られている。このしくみと理由について考える。

問1　変圧器の1次コイルに 6600 V の交流電圧を加えたとき，2次コイルには 100 V の交流電圧が生じた。1次コイルと2次コイルの巻き数の比はいくらか。最も適当なものを，次の①〜⑦のうちから一つ選べ。　1次コイルの巻き数：2次コイルの巻き数＝ 1

①　1：4400　　②　1：66　　③　1：8.1　　④　1：1　　⑤　8.1：1　　⑥　66：1　　⑦　4400：1

問2　次の文章中の空欄 2 ・ 3 に入る最も適当な数値を，下の①〜⑦のうちから一つずつ選べ。ただし，同じものを繰り返し選んでもよい。

　　発電所で発電された交流の電気は，変圧器により電圧を高くして，送電線を通して送られる。発電所から同じ電力を送るとき，送電線に送り出す電圧（送電電圧）を 10 倍にすると，送電線を流れる電流は 2 倍になる。この結果，送電線の抵抗によって熱として失われる電力は， 3 倍になる。ただし，送電線の抵抗は変化しないものとする。

①　$\dfrac{1}{100}$　　②　$\dfrac{1}{10}$　　③　$\dfrac{1}{\sqrt{10}}$　　④　1　　⑤　$\sqrt{10}$　　⑥　10　　⑦　100　　（2010年）

---

38 ［電磁波］　問1　右の表には，それぞれの周波数帯の名称，および用途の例が示されている。空欄 1 〜 4 に入れるのに最も適当なものを，下のそれぞれの解答群の中から一つずつ選べ。

1 ・ 2 の解答群

①　α 線　　②　β 線　　③　γ 線
④　音　　⑤　宇宙線　　⑥　赤外線

3 ・ 4 の解答群

①　聴診器　　②　AM 放送
③　魚群探知機　　④　冷蔵庫
⑤　電子レンジ　　⑥　変圧器
⑦　カメラ

周波数	名　称	主な用途
	長　波	漁業無線
10^6 Hz	中　波	3
	短　波	短波放送
10^8 Hz	超短波	FM 放送
10^{10} Hz	マイクロ波	衛星放送・ 4
10^{12} Hz		
	1	電気コタツ
10^{14} Hz		
	可視光線	
10^{16} Hz	紫外線	殺菌灯
10^{18} Hz	X 線	医療検査
10^{20} Hz	2	がん治療

問2 マイクロ波は衛星放送に用いられている。マイクロ波の特性として最も適当なものを，次の①～④のうちから一つ選べ。

① マイクロ波は地上に広がり，どの方向にも届く。
② マイクロ波は直進しやすく遠くまで届く。
③ マイクロ波は周波数の低い電磁波に比べて速く伝わる。
④ マイクロ波は建物の中までよく伝わる。

問3 X線がレントゲン撮影に用いられるのはなぜか。その理由として最も適当なものを，次の①～④のうちから一つ選べ。

① X線は人体への影響が最も少ないから。
② X線は写真フィルムに最もよく写るから。
③ X線は周波数の低い電磁波に比べて物質を透過する力が強いから。
④ X線は他の周波数の電磁波に比べて発生させやすいから。 (1999年 改)

人間と物理

39 [エネルギー変換] 人類が生活を営むために必要なエネルギー資源について考えよう。

次の文章中の空欄 ア ～ エ に入れる語の組合せとして最も適当なものを，下の①～⑥のうちから一つ選べ。

現代のおもなエネルギー資源は，石油・天然ガスなどの化石燃料である。火力発電所では，化石燃料を燃やして化石燃料のもつ ア エネルギーから イ エネルギーを得て，水を高温高圧の水蒸気に変える。水蒸気を利用してタービンを回し，タービンのもつ ウ エネルギーを発電機によって エ エネルギーに変換している。化石燃料は太古の植物や微生物から生成されたものであり，化石燃料のもつ ア エネルギーは太陽からのエネルギーが蓄積されたと考えることができる。

現代では，大量のエネルギー消費による資源の枯渇と環境への影響から，省エネルギー対策や代替エネルギー源の研究開発が進められている。

	ア	イ	ウ	エ
①	熱	化 学	電 気	力学的
②	熱	化 学	力学的	電 気
③	熱	電 気	化 学	力学的
④	化 学	熱	電 気	力学的
⑤	化 学	熱	力学的	電 気
⑥	化 学	電 気	力学的	熱

(2006年)

40 [放射線] 問1 放射線に関する記述として正しいものを，次の①～④のうちから一つ選べ。

① α線が放出されると原子核の質量は減る。
② β線には物質をイオンにする能力がない。
③ γ線は紫外線より波長が長い。
④ X線は正の電荷をもつ。

問2 放射線の利用に関する記述として適当でないものを，次の①～⑤のうちから一つ選べ。

① 放射線は食品の保存に利用されている。
② 放射線は金属板の厚さを測るのに利用されている。
③ 放射線は大容量通信に利用されている。
④ 放射線はガンの治療など医療に利用されている。
⑤ 放射線は植物の品種改良に利用されている。 (2006年)

❓ // リード文が会話形式の問題 //

第1問 次の文章（A・B）を読み，下の問い（問1〜3）に答えよ。〔解答番号 1 〜 5 〕

A　先生と太郎は，体重計を使って実験をしてみた。

先生：「太郎さん，この体重計の上に乗ってください。」

太郎：「はい。ちょうど60kg です。」

先生：「太郎さんはいま体重計の上に立って測定していたけど，動かずにしゃがんだ状態で測定すると，体重計の目盛りが示す値はどうなると思いますか？」

太郎：「それは当然 1 でしょう。」

先生：「正解です。では，ₐ体重計の上で立った状態から素早くしゃがむ動作をはじめた瞬間は，体重計の目盛りが示す値はどうなると思いますか？」

太郎：「ちょっと難しいなぁ。」

先生：「体重計が測定しているのは，体重計が上に乗っているものから押される力の大きさです。目盛りの単位が kg になっているけど，質量を直接測定しているわけではありません。例えば目盛りが60kg を指している場合は，体重計が押される力の大きさは，60kg の物体が受ける重力の大きさに等しいという意味になりますよ。」

太郎：「しゃがむ動作をはじめた瞬間に，体重計が押される力の大きさはどうなるかを考えればよいのですね。」

先生：「その通りです。」

問1　上記の空欄 1 にあてはまるものを，次の①〜③から一つ選べ。 1

　　① 立って測定した場合の方が大きい値を示す

　　② しゃがんで測定した場合の方が大きい値を示す

　　③ どちらで測定しても同じ値を示す

問2　下線部 A について，次の文章中の空欄 2 〜 4 にあてはまる適当な語句を，下の①〜⑥から一つずつ選べ。 2 〜 4

　　　体重計に乗った太郎に着目すると，太郎が受ける力は，太郎にかかる重力と体重計の上部が太郎を押す力の2つだけである。はじめに太郎が立ったまま静止している状態を考えると，この2力は 2 の関係になっているので大きさは等しい。次に，素早くしゃがむ動作をはじめた瞬間を考えると，太郎の体の中心が鉛直下向きに加速することになるので，体重計の上部が太郎を押す力の大きさは，はじめの状態と比べて 3 はずである。体重計の上部が太郎を押す力と太郎が体重計の上部を押す力は 4 の関係になっていて互いの大きさは等しいので，体重計の目盛りが示す値ははじめの状態と比べて 3 と考えられる。

　　① 慣性　　　　　　② つりあい　　　　　③ 作用・反作用

　　④ 大きくなる　　　⑤ 小さくなる　　　　⑥ 変わらない

B　先生と太郎は次郎をよび，実験を続けた。

先生：「今度は，体重計を2台用意しました。太郎さんと次郎さんはそれぞれの体重計に乗ってください。」

太郎：「はい，やっぱり60kgです。」

次郎：「ぼくは50kgです。」

先生：「では，ᵦ2人ともそれぞれの体重計の上に乗った状態から，太郎さんが次郎さんの手を下に押し下げるように力を加え，また同時に次郎さんが太郎さんの手を上に持ち上げるように力を加えてみましょう。お互いに手で力を及ぼし合った状態で静止している場合，それぞれの体重計の目盛りが示す値はどうなると思いますか？」

太郎：「次郎さんと手を合わせて，下に押し下げるようにして力を入れたらいいのですね。」

次郎：「ぼくは，太郎さんと手を合わせて，上に持ち上げるようにして力を入れるのですね。」

先生：「その通り。ただし，2人で合わせた手は動かないようにしてくださいね。」

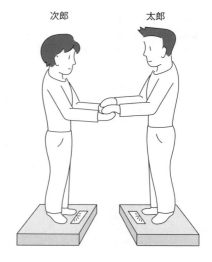

次郎　　太郎

問3　下線部Bの考察として正しいものを，次の①〜⑥のうちからすべて選べ。ただし，該当するものがない場合は⓪を選べ。　5

① 太郎が乗った体重計の値は，太郎が下の方に意識的に力を入れているので，はじめの状態よりも大きな値になる。

② 太郎が乗った体重計の値は，太郎が次郎から上の方に力を加えられるので，はじめの状態よりも小さな値になる。

③ 太郎が乗った体重計の値は，太郎が次郎を下の方に押し下げる力と次郎が太郎を上の方に持ち上げる力が打ち消されるので，はじめの状態から変化しない。

④ それぞれの体重計の値は，はじめの状態から変化しないので，2つの体重計の値の和も変化しない。

⑤ それぞれの体重計の値は，はじめの状態から変化するが，2つの体重計の値の和は変化しない。

⑥ それぞれの体重計の値は，はじめの状態から変化し，2つの体重計の値の和も変化する。

第2問 次の文章（A・B）を読み，下の問い（問1〜5）に答えよ。なお，必要ならば次の数値を用いよ。水の密度 1.0 g/cm³，重力加速度の大きさ 9.8 m/s²　〔解答番号 [1]〜[7]〕

A　高校の授業で浮力に関して，みんなで次のような話し合いをした。

「木の板を水の中に沈めても浮き上がってくるのは，浮力がはたらいているからだよね。」

「軽いものの浮力の方が重いものの浮力よりも大きいのかな？」

「ぼくはなんとなく，底の広いものが大きな浮力になる感じがするよ。」

「浮力は，物体の体積に関係していると思うよ。」

「浮力は，物体の形によって決まるのではないの？」

「浮力はどのような量で決まるのか，実験で調べることができるのかな？」

「インターネットで調べたら，次のような浮力の実験法があったよ。」

おもりを水の中に沈めたときの浮力の大きさは，次のようにして実験的に調べることができる。

(I) 水の外で，おもりとニュートンばねばかりを糸でつなげて，ばねばかりの値を読む。（図1）

(II) 水中におもりを沈めた状態で，ばねばかりの値を読む。（図2）

(III) (I)の値と(II)の値の差が，水中でおもりが受ける浮力の大きさである。

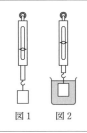

図1　図2

「実験室には，5種類のおもりがあったよ。材質はすべて金属だって。（表1）」

「このおもりを使えば，浮力についていろいろと調べることができそうだね。」

「浮力が生じる要因が何であるかを，このおもりを使って実験してみよう！」

表1

種類	重さ〔N〕	体積〔cm³〕	形
A	8.0	100	円すい
B	8.0	100	直方体
C	2.8	35	球
D	2.8	100	球
E	8.0	100	球

問1 表1において，Eとは異なる種類の金属でつくられたおもりとして最も適当なものを，次の①〜④のうちから一つ選べ。ただし，該当するものがない場合は⓪を選べ。[1]

　　① A　　　② B　　　③ C　　　④ D

問2 表1のDとEのおもりを使って，浮力が生じる要因を確める実験を計画した場合，確められる要因は何か。最も適当なものを次の①〜③のうちから一つ選べ。[2]

　　① A　　　② B　　　③ C

問3 浮力の大きさがおもりの形に関係するかどうかを調べるためには，どのおもりを使って実験すればよいか。最も適当なおもりの組合せを次の①〜⑤のうちから一つ選べ。[3]

　　① AとB　　　② AとC　　　③ BとC
　　④ BとE　　　⑤ AとBとE

問4　残念ながら実験室にはニュートンばねばかりがなかったので，目盛りの
　　　単位がグラム（g）で表示されているばねばかりで代用し，実験を続けるこ
　　　とにした。
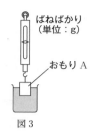
ばねばかり
（単位：g）

おもりA

　　　図3のように，おもりAの一部だけが水中にあるときは，ばねばかりの
　　　値が740gであった。このときにおもりAにはたらく浮力の大きさ F
　　　〔N〕を有効数字2桁で表すとき，次の式中の空欄 　4 　～ 　6 　 に入る
　　　数字として最も適当なものを，下の①～⑩のうちから一つずつ選べ。ただ
　　　し，同じものを繰り返し選んでもよい。　4 　～ 　6 　

図3

$$F = \boxed{4} . \boxed{5} \times 10^{-\boxed{6}} \text{N}$$

① 1　　　　② 2　　　　③ 3　　　　④ 4　　　　⑤ 5
⑥ 6　　　　⑦ 7　　　　⑧ 8　　　　⑨ 9　　　　⑩ 0

B　高校の物理基礎を勉強していた花子さんは，浮力に関して教科書の内容を次のようにまとめた。
　　花子さんはこのまとめを使って，浮力についてあらためて深く考えてみることにした。

> ○ アルキメデスの原理 … 流体中の物体は，それが排除
> 　している流体の重さに等しい大きさの浮力を受ける。
> ○ 流体中の物体が受ける浮力の大きさ F は
> $$F = \rho V g$$
> 　と表される。ただし，ρ は流体の密度，V は物体の流体
> 　中にある部分の体積，g は重力加速度の大きさである。

問5　体積は等しいが質量が十分に異なる5つの物体P，Q，R，S，Tがある。質量はPが最も大
　　　きく，Q，R，Sの順に小さくなり，Tが最も小さい。これらの物体をすべて水で満たされた水
　　　槽の中に入れたとき，物体が静止する位置はどうなるか。花子さんがまとめた内容を考慮して，
　　　正しいと判断できる図を次の①～④からすべて選べ。ただし，該当するものがない場合は⓪を
　　　選べ。　7 　

①
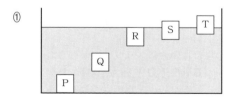

②
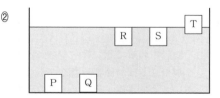

③
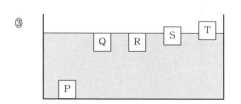

④
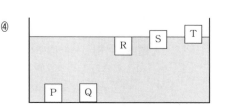

第3問 次の文章（A・B）を読み，下の問い（問1～3）に答えよ。〔解答番号 ⬚1⬚ ～ ⬚4⬚ 〕

A 「車は急に止まれない」は，交通事故防止の標語でよく使われるフレーズである。そこで，車の速さと停止するまでの時間や距離との関係などについて考えてみよう。なお，必要があれば，次ページの方眼紙を使ってもよい。下の表1に示されているのは，車の時速と，ドライバーがブレーキを必要と判断した瞬間から車が停止するまでにかかった時間（以下「停止時間」），および，その間に車が動いた距離（以下「停止距離」）の関係である。

表1

時速〔km/h〕	10	20	30	40	50	60	70
停止時間〔s〕	1.20	1.61	2.02	2.42	2.83	3.23	3.63
停止距離〔m〕	2.78	6.69	11.73	17.89	25.17	33.58	43.11

問1 表1の数値について考察できることとして適当なものを，次の①～④のうちからすべて選べ。ただし，該当するものがない場合は⓪を選べ。 ⬚1⬚
　　① 時速と停止時間はほぼ比例している。
　　② 時速と停止距離はほぼ比例している。
　　③ 時速が1km/h増加するときの停止時間の増加量はほぼ一定である。
　　④ 時速が1km/h増加するときの停止距離の増加量はほぼ一定である。

問2 停止距離とは，ドライバーがブレーキを必要と判断した瞬間からブレーキが効きはじめる瞬間までの移動距離と，ブレーキが効きはじめた瞬間から停止するまでの移動距離の和であると考えられる。なお，ブレーキを必要と判断した瞬間からブレーキが効きはじめるまでの時間を「空走時間」とよび，時速によらず一定の値であると考えてよい。表1の場合について空走時間 T〔s〕を有効数字1桁で表すとき，次の式中の空欄 ⬚2⬚ ・ ⬚3⬚ に入れる数字として最も適当なものを，下の①～⓪のうちから一つずつ選べ。ただし，同じものを繰り返し選んでもよい。
　　⬚2⬚ ⬚3⬚
　　　　　$T = \boxed{2} \times 10^{-\boxed{3}}$ s
　　① 1　　　　② 2　　　　③ 3　　　　④ 4　　　　⑤ 5
　　⑥ 6　　　　⑦ 7　　　　⑧ 8　　　　⑨ 9　　　　⓪ 0

B 走行中の車で急ブレーキをかけると，多くの場合は路面にスリップ痕が残される。このスリップ痕の長さは，回転しなくなったタイヤが路面から動摩擦力を受けた状態で移動した距離と考えることができる。そして，この動摩擦力が仕事をしたために，車のもつ運動エネルギーが0になったと考えられる。

問3 交通事故が起こった現場の路面に，スリップ痕が L〔m〕残されていた。このとき，ブレーキが効きはじめた瞬間の車の速さ V〔km/h〕を推定する式を考える。路面に傾斜がないとき，タイヤと路面との間の動摩擦係数を μ，重力加速度の大きさを9.8m/s² として，次の式中の空欄 ⬚4⬚ に入れる最も適当な数値を，下の①～⑤のうちから一つ選べ。 ⬚4⬚
　　　　　$V = \boxed{4} \times \sqrt{\mu L}$〔km/h〕
　　① 1　　② $\sqrt{9.8}$　　③ $\sqrt{19.6}$　　④ $\sqrt{127}$　　⑤ $\sqrt{254}$

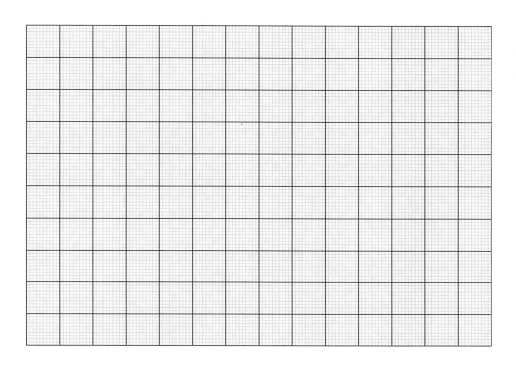

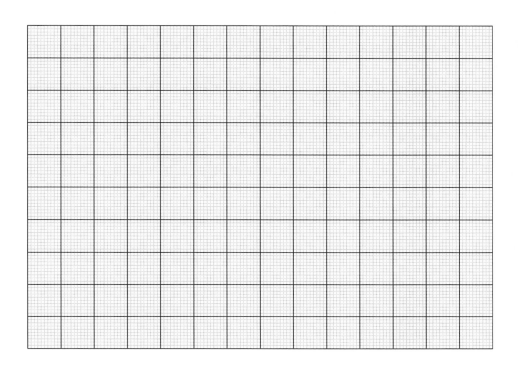

第4問 次の文章（**A・B**）を読み，下の問い（**問1～4**）に答えよ。〔解答番号 [1] ～ [6] 〕

A 花子は，図書館で調べものをしているうちに，興味深いことが書いてある本を見つけた。その本には，「電球は消費する電気エネルギーのうち，光エネルギーとなるのはわずか10 %だけであり，残りはすべて熱となってしまう」と書いてあった。さらに，「消費電力100 Wの電球から発生する単位時間あたりの熱量と，1人の人間が外部に出す単位時間あたりの熱量は，ほぼ同じである」との記述もあった。花子が日ごろ勉強している学校の教室は熱の発生が少ない蛍光灯を使用しているのに，窓を閉め切るととても暑苦しく感じるのはそのためだったのかと花子は思った。そこで探究心の強い花子は，教室を断熱された箱と仮定し，40人の生徒が窓を閉め切った教室に50分いた場合には，生徒から発生する熱だけで教室内の気温が何度上昇するのかを考えてみた。ところが，具体的にどのようにして温度上昇の値を求めたらよいのかわからなかった。

問1 学校の教室で窓を閉め切ると暑苦しく感じることがあるのは何が原因であると，花子は思ったのか。次の①～⑤から最も適当なものを一つ選べ。 [1]
　　① 人間から発生する熱によって，教室内の気温が上昇すること。
　　② 教室の電球から発生する熱によって，教室内の気温が上昇すること。
　　③ 教室に生徒が大勢いることで，教室内の二酸化炭素が増えること。
　　④ 教室は断熱された箱であること。
　　⑤ 花子自身は，その原因が何かを具体的によくわかっていない。

B 生物選択者の花子は物理選択者の太郎に，どのようにして教室内の気温上昇の値を求めたらよいのかを相談した。すると太郎は，次の2点を提案した。
　　1.「測定しなければならない量」と本やインターネットなどで「調べておかなければならない量」がある。
　　2.「調べておかなければならない量」とは，「空気の密度」と「空気の比熱」のことであり，これらは一定の値であると単純化して考える。

問2 太郎が提案した「測定しなければならない量」として妥当なものを，次の①～④からすべて選べ。ただし，該当するものがない場合は⓪を選べ。 [2]
　　① 教室の容積
　　② 教室内の気温
　　③ 教室外の気温
　　④ 教室の電球の数

問3　次の文章中の空欄　3　～　5　に入れる数字として最も適当なものを，下の①～⓪のうちから一つずつ選べ。ただし，同じものを繰り返し選んでもよい。また，必要ならば，下の表1の値を用いよ。　3　～　5

　　花子が読んだ本の情報と太郎の提案した考え方を用いた場合，教室内の気温上昇 ΔT〔℃〕を有効数字2桁で表すと，

$$\Delta T = \boxed{3}\ .\ \boxed{4} \times 10^{\boxed{5}}\ ℃$$

と算出される。

① 1　　　　② 2　　　　③ 3　　　　④ 4　　　　⑤ 5
⑥ 6　　　　⑦ 7　　　　⑧ 8　　　　⑨ 9　　　　⓪ 0

表1

教室の容積	300 m³
教室内の気温	20.0℃
教室外の気温	23.0℃
教室の電球の数	0 個
教室の蛍光灯の数	10 本
空気の密度	1.2×10^{-3} g/cm³
空気の比熱	1.0 J/(g·K)

問4　実際には，窓を閉め切った教室で40人の生徒が50分いた場合でも，問3で算出した ΔT ほど教室内の気温が上昇したことを，花子は経験したことがなかった。その理由として合理的に考えられるものを，次の①～④のうちからすべて選べ。ただし，該当するものがない場合は⓪を選べ。　6

　① 実際の教室には，電球が1個もなかったから。
　② 実際の教室の空気は，密度が表1の値よりも小さかったと考えられるから。
　③ 実際には，花子の教室の戸や窓などから熱が外に逃げていたから。
　④ 実際には，生徒たちはとても活発で，一般的な人間よりも多くの熱を排出していたから。

🧠 // 身近なものを使った実験に関する問題 //

第5問 次の文章（A～C）を読み，下の問い（問1～6）に答えよ。〔解答番号 ⬚1 ～ ⬚10 〕

A 雷が遠くで落ちたとき，稲光が見えてからわずかに遅れて雷鳴が聞こえる。これは，音は光に比べて伝わる速さがとても遅いために生じる現象である。光の速さは約30万km/sであり，1秒間に地球を約7周半も進むことができる。一方，音の速さは光の100万分の1程度にすぎず，特殊な装置を使わなくても測定することができる。

B ［実験1］

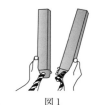

校庭に立って，50m先にある校舎の壁に向かって図1のように拍子木（ひょうしぎ）を打ち鳴らす（1回目）と，壁に反射した反射音が聞こえてくる。この反射音が聞こえる瞬間に合わせてさらに拍子木を打ち（2回目），音が重なるようにする。この操作を繰り返し，1回目に拍子木を打ってから50回目に拍子木を打つまでの時間をストップウォッチで測定する。

この実験を行った結果，測定された時間は14.0秒であった。この実験結果より，音の速さを算出してみよう。

図1

問1 1回目に拍子木を打ってから50回目に拍子木を打つまでの間に，音は拍子木と校舎の間を何回往復しているか。次の①～⑤のうちから一つ選べ。 ⬚1

    ① 24   ② 25   ③ 49   ④ 50   ⑤ 51

問2 次の文章中の空欄 ⬚2 ～ ⬚4 に入れる数字として最も適当なものを，下の①～⓪のうちから一つずつ選べ。ただし，同じものを繰り返し選んでもよい。 ⬚2 ～ ⬚4

この実験結果より，音の速さを有効数字2桁で表すと

$$\boxed{2}.\boxed{3}\times10^{\boxed{4}}\ \text{m/s}$$

となる。

    ① 1   ② 2   ③ 3   ④ 4   ⑤ 5
    ⑥ 6   ⑦ 7   ⑧ 8   ⑨ 9   ⓪ 0

問3 次の文①～③のうち，正しいものをすべて選べ。ただし，該当するものがない場合は⓪を選べ。 ⬚5

    ① この実験よりも，拍子木を2回だけ打つ実験にした方が，音の速さを正確に求めることができる。

    ② この実験よりも，拍子木を打つ位置から校舎の壁までの距離を20mにした方が，音の速さを正確に求めることができる。

    ③ この実験で使ったものより高い音が出る拍子木を使った方が，測定される時間は短くなる。

C　[実験2]

　図2のように，音源Aから一定間隔 T〔s〕で1分間あたり300回のパルス音を鳴らす。マイクでこの音を拾い，増幅器で大きくして，離れた場所のスピーカーBから音を出す。音源Aのすぐそばの観測者Cは，音源Aからの音とスピーカーBからの音を同時に聞く。はじめに，スピーカーBを観測者Cのすぐそばに置くと，Aからの音とBからの音は重なって聞こえる。次に，スピーカーBを観測者Cから少しずつ離していくと，Bからの音がAからの音よりも遅れて聞こえるようになり，さらに離していくと，A，Bからの音が再び重なって聞こえるようになる。このときのスピーカーBと観測者Cの距離を，計測者Dがメジャーで測定する。

　この実験を行った結果，測定された距離は66.5 mであった。この実験結果より，音の速さを算出してみよう。

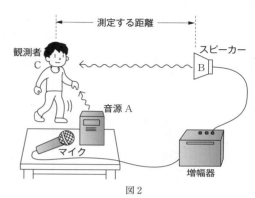

図2

問4　音源Aからの音について，パルス音の間隔 T〔s〕と，1秒間あたりに鳴る回数 n〔Hz〕はいくらか。次の①～⑥のうちから最も適当な組合せを一つ選べ。　| 6 |

	T〔s〕	n〔回/s〕
①	3.3×10^{-3}	300
②	6.7×10^{-3}	150
③	0.10	10
④	0.20	5.0
⑤	300	3.3×10^{-3}
⑥	150	6.7×10^{-3}

問5　次の文章中の空欄　| 7 |　～　| 9 |　に入れる数字として最も適当なものを，下の①～⓪のうちから一つずつ選べ。ただし，同じものを繰り返し選んでもよい。

　この実験結果より，音の速さを有効数字2桁で表すと

　　　　| 7 |．| 8 |×10^| 9 | m/s

となる。

① 1　　　② 2　　　③ 3　　　④ 4　　　⑤ 5

⑥ 6　　　⑦ 7　　　⑧ 8　　　⑨ 9　　　⓪ 0

問6　次の文①～③のうち，正しいものをすべて選べ。ただし，該当するものがない場合は⓪を選べ。　| 10 |

① この実験を気温の高い日に行うと，測定される距離は長くなる。

② この実験で，観測者Cにはうなりが聞こえている。

③ この実験では，音の縦波の性質を利用している。

🧠 // 他教科（音楽）と関連した問題 //

第6問 次の文章を読み，下の問い（問1～4）に答えよ。〔解答番号 ［ 1 ］～［ 4 ］〕

　　リコーダーやフルートのような管楽器は，管の中（気柱）に音波の定常波が生じることによって音を奏でる楽器である。これらの楽器は，気柱の長さを変えることによって音の高さを変えている。

　　管楽器のモデルとして塩化ビニルパイプを使い，パイプの長さと音の高さの関係について調べてみることにした。パイプに送風機で風を送ると音が響くが，そのときの音の振動数はコンピュータを使って測定することができる。パイプの長さを 10 cm，20 cm とすると，いずれもラの音が測定されたが，振動数は異なった（表1）。なお，振動数と音階（ドレミ）の関係は表2のようになり，「ラ」は「ラ」より 1 オクターブ高い音を表している。

　　次に，20 cm のパイプの真ん中に穴をあけて同じように風を送ると 1760 Hz の音が観測され，10 cm のパイプの片側を手でふさいで風を送ると 880 Hz の音が観測された。

表1

パイプの長さ〔cm〕	振動数〔Hz〕
20	880
10	1760

表2

音階	「ラ」	「シ」	「ド」	「レ」	「ミ」	「ファ」	「ソ」	「ラ」
振動数〔Hz〕	440	494	523	587	659	698	784	880

問1　10 cm の塩化ビニルパイプに風を送り，振動数 1760 Hz の音を響かせた。このときの音波の変位の様子を横波表示したものが図1である。20 cm の塩化ビニルパイプに風を送って「ラ」の音（振動数 880 Hz）を響かせたとき，その音波の様子を表しているものとして最も適当なものを，次の①～⑤のうちから一つ選べ。［ 1 ］

図1

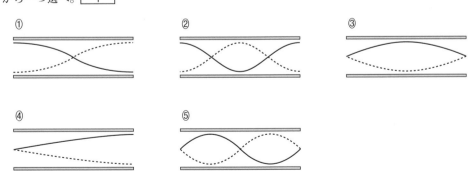

問2　110 Hz の音をこの塩化ビニルパイプで同じように響かせるためには，何 cm のパイプが必要か。最も適当なものを，次の①～⑤のうちから一つ選べ。［ 2 ］
　　① 5 cm　　　② 40 cm　　　③ 60 cm　　　④ 80 cm　　　⑤ 160 cm

問3　35 cm の塩化ビニルパイプを1本使って，440 Hz の「ラ」の音を同じように出すためには，どのような工夫をすればよいか。次の文章中の空欄　ア ・ イ 　に入れる語句の組合せとして最も適当なものを，下の①～⑧のうちから一つ選べ。　3

　　ア cm に切って，　イ 　パイプに送風機で風を送ると，440 Hz の「ラ」の音が響く。

	ア	イ
①	30	片側を手でふさいで
②	30	真ん中に穴をあけて
③	20	片側を手でふさいで
④	20	真ん中に穴をあけて
⑤	10	片側を手でふさいで
⑥	10	真ん中に穴をあけて
⑦	5	片側を手でふさいで
⑧	5	真ん中に穴をあけて

問4　塩化ビニルパイプを，「ド」から順に2オクターブ高い「ド゛」まで，それぞれの音が響く長さに切って並べると，どのようになるか。次の①～⑥から最も適当なものを一つ選べ。　4

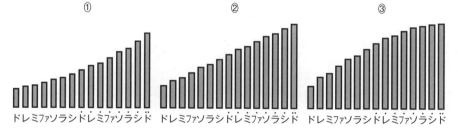

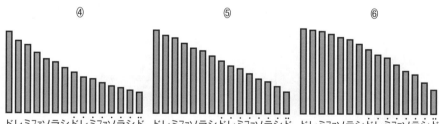

第7問 次の文章（A～C）を読み，下の問い（問1～4）に答えよ。〔解答番号 1 ～ 4 〕

A 壮太は，ある金属の導線の抵抗値と外径（直径）の関係を，長さを一定にして調べる実験をしていた。太さのある導線は曲げるのに少し力がいることがわかり，その感触を面白く感じた壮太は，曲げ伸ばしを繰り返していたところ，外径1.0mmの導線が切れてしまった。

先生：「だめだよ，そうやって遊んじゃ。太い導線は曲げに弱いんだから。同じ曲げ方でも，太い導線の方が耐えられる回数が少なくなるんだよ。」

以後，壮太は必要以上に導線を曲げないように注意しながら，表1を完成させた。

先生：「この表からわかることは何でしょうか？」

壮太：「導線にも抵抗があるのですね。外径が小さくなるにしたがって，抵抗値は ア なっています。」

先生：「そうだね。ということは，細い導線が1本だけだと，抵抗値が ア なるため，一定の電流を流したときに熱が発生 イ なるね。」

壮太：「つまり，細い導線1本に電流を流すと，エネルギーの損失が ウ なります。」

表1

外径 φ〔mm〕	抵抗値 R〔Ω〕
1.0	0.42
0.81	0.66
0.64	1.1
0.51	1.7
0.40	2.7
0.32	4.3

問1 文中の ア ～ ウ に適した語句の組合せとして最も適当なものを，次の①～⑧のうちから一つ選べ。 1

	ア	イ	ウ
①	小さく	しにくく	小さく
②	小さく	しにくく	大きく
③	小さく	しやすく	小さく
④	小さく	しやすく	大きく

	ア	イ	ウ
⑤	大きく	しにくく	小さく
⑥	大きく	しにくく	大きく
⑦	大きく	しやすく	小さく
⑧	大きく	しやすく	大きく

B 壮太は実験を続けた。

先生：「このことをもう少し詳しく確認するために，表1から導線の断面積と抵抗値の関係の表を作ってごらん。」

壮太：「断面積，断面積の逆数と抵抗値の関係を表2にまとめてみました。」

先生：「では，この表2をもとに，断面積の逆数と抵抗値の関係をグラフに描いてみましょう。パソコンの表計算ソフトを使って描いてみて下さい。」

表2

断面積 S〔mm²〕	断面積の逆数 1/S〔1/mm²〕	抵抗値 R〔Ω〕
0.79	1.3	0.42
0.52	1.9	0.66
0.32	3.1	1.1
0.20	4.9	1.7
0.13	8.0	2.7
0.080	12	4.3

壮太：「できました。」

先生：「では，このグラフから，<u>断面積と抵抗値の関係</u>はどうなっていると考えられるかな。」

壮太：「 エ ことがわかります。」

先生：「そうだね。ところで，同じ10Ωの抵抗を2つ並列に接続したときの合成抵抗の値はいくらになるかな？」

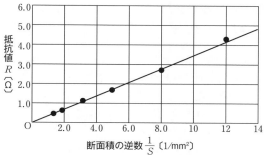

壮太：「 オ Ω です。そうか！2つの抵抗を並列に接続すると，1つだけの抵抗の場合と比べて断面積が カ 倍になると見なせるから，抵抗値は キ 倍になるんですね。」

問2 文中の エ に最もあてはまる語句を次の①〜④のうちから一つ選べ。 2

① 比例する   ② 反比例する   ③ 一定の関係である   ④ 無関係である

問3 文中の オ 〜 キ に適した数値の組合せとして最も適当なものを，次の①〜⑧のうちから一つ選べ。 3

	オ	カ	キ
①	5.0	2	2
②	5.0	2	1/2
③	5.0	1/2	2
④	5.0	1/2	1/2

	オ	カ	キ
⑤	20	2	2
⑥	20	2	1/2
⑦	20	1/2	2
⑧	20	1/2	1/2

C 家に帰った壮太は，ふと導線が切れてしまったときのことを思い出した。先生が説明していたことと今日学習したことを合わせると，_(I)太い導線に対して長さと抵抗値が同じで，よりしなやかで曲げに強い導線を同じ材質で作るには，細い導線を束ねればよいと壮太は考えた。そこで，使えなくなったイヤフォンの導線を切断して確認したところ，確かにそうなっていたので，壮太は自分の考えに自信を持つことができた。

問4 文中の下線部(I)に関して，断面積 $0.36\,\mathrm{mm}^2$，長さ $1.0\,\mathrm{m}$ の導線と同じ抵抗値となるものを，次の①〜⑥のうちからすべて選べ。ただし，該当するものがない場合は⓪を選べ。 4

① 断面積 $0.05\,\mathrm{mm}^2$，長さ $1.0\,\mathrm{m}$ の導線を6本束ねたもの

② 断面積 $0.09\,\mathrm{mm}^2$，長さ $1.0\,\mathrm{m}$ の導線を4本束ねたもの

③ 断面積 $0.06\,\mathrm{mm}^2$，長さ $1.0\,\mathrm{m}$ の導線を6本束ねたもの

④ 断面積 $0.08\,\mathrm{mm}^2$，長さ $1.0\,\mathrm{m}$ の導線を6本束ねたもの

⑤ 断面積 $0.12\,\mathrm{mm}^2$，長さ $1.0\,\mathrm{m}$ の導線を4本束ねたもの

⑥ 断面積 $0.09\,\mathrm{mm}^2$，長さ $1.0\,\mathrm{m}$ の導線を6本束ねたもの

第8問 次の文章（A・B）を読み，下の問い（問1〜5）に答えよ。〔解答番号 ▢1 〜 ▢5 〕

A 太陽光発電では，太陽電池パネルに対して常に太陽光が直角にあたるように設置できれば，最も効率的に発電できる。ところが，建物の屋根に太陽電池パネルを設置するとき，多くの場合は設置角度を固定することになる。このとき，太陽電池パネルの傾斜角は何度が最適なのか，あるいは設置する方位によって発電量がどの程度変化するかはたいへん興味深い問題である。

そこで，太陽電池パネルの傾斜角や方位と発電によって供給される電力の関係を調べるために，図1のような実験装置をつくった。図1の実験装置を使ってモーターで糸を巻き上げ，おもりが1m上がるまでの時間 T〔s〕を測定した。まず，図2に示すように，ある傾斜角で太陽電池パネルのついている面を南に向け，おもりを引き上げる時間を測定した。次に，傾斜角を一定に保ちながら，図3に示す方位角を変えておもりを引き上げる時間を測定した。なお，実験は夏のよく晴れた日の正午ごろ（太陽の高度が1日で最も高い時刻）にひなたで行い，おもりはいつも同じ質量のものを用いた。また，表1は，実験を行った場所における各月の南中高度（太陽が真南にきて，いちばん高く上がったときの地平線との間の角度）の平均値をまとめたものである。

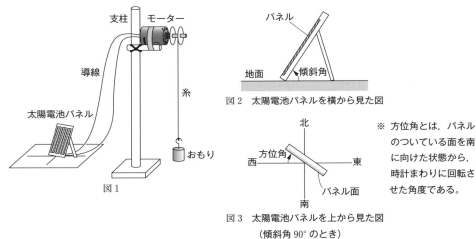

図2 太陽電池パネルを横から見た図

※ 方位角とは，パネルのついている面を南に向けた状態から，時計まわりに回転させた角度である。

図3 太陽電池パネルを上から見た図
（傾斜角90°のとき）

表1

月	1月	2月	3月	4月	5月	6月	7月	8月	9月	10月	11月	12月
南中高度	32.8°	41.0°	51.7°	63.3°	72.4°	76.5°	74.5°	67.0°	56.2°	44.6°	35.0°	30.4°

問1 この実験装置におけるエネルギーの移り変わりはどのようになっているか。次の空欄 ▢ア ・ ▢イ に入れる語句の組合せとして最も適当なものを，下の①〜⑨のうちから一つ選べ。 ▢1

光エネルギー ⟶ ▢ア エネルギー ⟶ ▢イ エネルギー

	ア	イ
①	化学	電気
②	化学	力学的
③	化学	熱

	ア	イ
④	力学的	電気
⑤	力学的	化学
⑥	力学的	熱

	ア	イ
⑦	電気	化学
⑧	電気	力学的
⑨	電気	熱

B パネルの傾斜角をある値で固定し，方位角を変化させたときの時間 T〔s〕を測定してグラフにした。このグラフを計6つの傾斜角で同様に作成したところ，次のグラフ(a)～(f)のようになった。

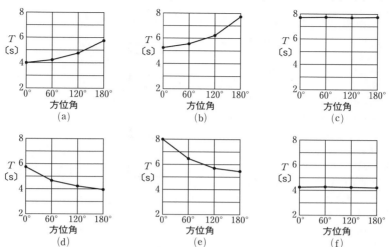

問2 太陽電池パネルで供給される電力について，次の文章中の空欄 $\boxed{}$ ・ $\boxed{}$ に入れる語句の組合せとして最も適当なものを，下の①～④のうちから一つ選べ。$\boxed{}$

時間 T〔s〕が長いほど，おもりを引き上げる力がおもりに対して単位時間あたりにする仕事は $\boxed{}$ ので，太陽電池パネルで供給される電力は $\boxed{}$ 。

	ウ	エ
①	大きい	大きい
②	大きい	小さい

	ウ	エ
③	小さい	大きい
④	小さい	小さい

問3 グラフ(a)の状況において，方位角を 240° としたとき，時間 T〔s〕はどうなるか。次の①～⑤のうちから最も適当なものを一つ選べ。$\boxed{3}$

① 4.2秒 　② 4.8秒 　③ 5.7秒 　④ 6.6秒 　⑤ 8.1秒

問4 グラフ(a)～(f)には，太陽電池パネルの傾斜角が0°，45°，90°のときのものが含まれている。傾斜角とグラフの対応として最も適当な組合せを，次の①～⑧のうちから一つ選べ。$\boxed{4}$

	0°	45°	90°
①	(c)	(a)	(b)
②	(c)	(b)	(a)
③	(c)	(d)	(e)
④	(c)	(e)	(d)

	0°	45°	90°
⑤	(f)	(a)	(b)
⑥	(f)	(b)	(a)
⑦	(f)	(d)	(e)
⑧	(f)	(e)	(d)

問5 パネルの傾斜角を30°，方位角を0°に固定し，この実験を6～11月で1ヶ月おきに行った場合，時間 T〔s〕が最も短くなるのは何月であると考えられるか。次の①～⑥のうちから最も適当なものを一つ選べ。ただし，各月の南中高度は表1の値であるものとする。$\boxed{5}$

① 6月 　② 7月 　③ 8月 　④ 9月 　⑤ 10月 　⑥ 11月

略解

1
(1) 2.0 s　　(2) +4.0 m（右向き 4.0 m）
(3) 4.0 m
(4) +2.0 m/s（右向き 2.0 m/s）
(5) 略

2
(1) −1.0 m/s　　(2) 0 m/s
(3) +2.0 m/s　　(4) 略　　(5) 8.0 m

3
(1) 右向き 3.0 m/s　　(2) 左向き 1.0 m/s
(3) 10 s　　(4) 左向き 4.0 m/s
(5) 右向き 4.0 m/s

4
(1) A：+12 m（右向き 12 m），
　　B：−6.0 m（左向き 6.0 m）
(2) 2.5 s　　(3)(4) 略

5
(1) 3.0 s
(2) −6.0 m/s（左向き 6.0 m/s）
(3) −2.0 m/s²（左向き 2.0 m/s²）
(4)(5) 略

6
(1) +5.0 m/s²　　(2) 0 m/s²
(3) −3.0 m/s²　　(4) 略
(5) +38 m

7
(1) 右向き 3.0 m/s　　(2) 右向き 9.0 m
(3)(4) 略

8
(1) +6.0 m/s　　(2) −2.0 m/s²
(3) +9.0 m　　(4) +3.6 m/s
(5) +5.8 m

9
(1) 20 m/s　　(2) 20 m

10
(1) 14.7 m/s　　(2) 49.0 m　　(3) 3.0 s
(4) 34.3 m/s

11
(1) 2.00 s　　(2) 19.6 m　　(3) 4.00 s
(4) 19.6 m/s

12
(1)(2) 略

13
(1) 2.5 N/m　　(2) 0.35 N　　(3) 略

14
(1) $T_1 = 48$ N　　(2) $T_2 = 20$ N

15
(1) D　　(2) D

16
$f = 50$ N

17
$a = \dfrac{\sqrt{2}}{2}g$ 〔m/s²〕，$N = \dfrac{\sqrt{2}}{2}mg$ 〔N〕

18
(1) A：$Ma = Mg - T$
　　B：$ma = T - mg$
(2) $T = \dfrac{2Mm}{M+m}g$，$a = \dfrac{M-m}{M+m}g$

19
(1) 4.9 N　　(2) 4.9 N　　(3) 1.5 N
(4) 2.9 N　　(5) 0.59

20
(1) 垂直成分：4.9 N，平行成分：8.5 N
(2) 4.9 N　　(3) 0.98 N

21
(1) $P_0 a^2$　　(2) $(P_0 + \rho h g)a^2$　　(3) $\rho a^2 h g$
(4) $\rho' a^3 g$　　(5) $\rho' = \dfrac{h}{a}\rho$，$\rho' < \rho$

22
(1) $\dfrac{m}{V}$ 〔kg/m³〕　　(2) mg 〔N〕
(3) $\rho V g$ 〔N〕　　(4) $(m - \rho V)g$ 〔N〕

23
(1) ①押す力　　②動摩擦力
　　③垂直抗力，重力
(2)「押す力」：3.6×10^2 J,
　　「動摩擦力」：-3.2×10^2 J
(3) 40 J

24
(1) $\dfrac{1}{2}$ 倍　　(2) 2 倍　　(3) 仕事の原理

25
(1) 点 A：25 J，点 B：49 J　　(2) 24 J
(3) 仕事：24 J，$F = 3.0$ N

26
(1) $-\dfrac{(mg)^2}{k}$，減少する
(2) $-\dfrac{(mg)^2}{k}$，減少する
(3) $\dfrac{(mg)^2}{2k}$，増加する

27
(1) $\left(1 - \dfrac{\sqrt{3}}{2}\right)l$　　(2) $v = \sqrt{(2-\sqrt{3})gl}$

28
(1) $v = x\sqrt{\dfrac{k}{m}}$　　(2) $h = \dfrac{kx^2}{2mg}$
(3) $v' = x\sqrt{\dfrac{k}{m}}$

29
(1) −33 J　　(2) $l = 5.5$ m

30
1.0×10^2 g

31
(1) 4.2×10^2 J/K
(2) 2.1×10^3 J/K
(3) 28 ℃

32
(1) 240 J 減少，下がった　　(2) −240 J

33
(1) 熱を仕事に変換する装置。
(2) 320 J　　(3) 0.20（20 %）

34
(1) $A = 1.5$ m，$\lambda = 8.0$ m
(2) $v = 32$ m/s，$T = 0.25$ s

35
(1) $\lambda = 4.0$ m，$A = 3.0$ m
(2) $v = 10$ m/s
(3) $f = 2.5$ Hz，$T = 0.40$ s

36	(1) $\lambda = 8.0\,\mathrm{m}$, $A = 2.0\,\mathrm{m}$
	(2) $f = 0.25\,\mathrm{Hz}$, $T = 4.0\,\mathrm{s}$
	(3) 略

37 (1) 最も密；e，最も疎；a，i
(2) c　(3) c, g　(4) a, i　(5) g

38 略

39 (1) $t = 0.50\,\mathrm{s}$
(2) $x = 0.15,\ 0.45,\ 0.75\,\mathrm{m}$
(3) 振幅：4.0 m，波長：0.60 m，周期：2.0 s

40 略

41 446 Hz

42 (1) $\lambda_1 = 4.0\,\mathrm{m}$, $f_1 = 1.5 \times 10^2\,\mathrm{Hz}$
(2) $\lambda_2 = 3.0\,\mathrm{m}$, $f_2 = 2.0 \times 10^2\,\mathrm{Hz}$
(3) $\lambda_3 = 1.5\,\mathrm{m}$, $f_3 = 4.0 \times 10^2\,\mathrm{Hz}$

43 (1) $\lambda_1 = 0.360\,\mathrm{m}$, $v = 342\,\mathrm{m/s}$
(2) $\lambda_2 = 0.216\,\mathrm{m}$, $f_2 = 1.58 \times 10^3\,\mathrm{Hz}$

44 (1) $\lambda_1 = 0.360\,\mathrm{m}$, $v = 342\,\mathrm{m/s}$
(2) $l = 0.540\,\mathrm{m}$
(3) $\lambda_2 = 0.270\,\mathrm{m}$, $f_2 = 1.27 \times 10^3\,\mathrm{Hz}$

45 (1) $4.7 \times 10^2\,\mathrm{C}$　(2) 2.9×10^{21} 個
(3) $4.9 \times 10^{-4}\,\mathrm{m/s}$

46 (1) $20\,\Omega$　(2) 略

47 (1) $R_{bc} = 240\,\Omega$　(2) $R_{ac} = 360\,\Omega$
(3) $I_a = 0.25\,\mathrm{A}$

48 (1) $5.0 \times 10^{-5}\,\Omega\cdot\mathrm{m}$　(2) $50\,\Omega$
(3) 4.0 m

49 (1) $2.8 \times 10^2\,\mathrm{W}$　(2) $8.4 \times 10^4\,\mathrm{J}$
(3) 40 K

50 (1) エ　(2) ウ

51 (1) 15 V　(2) 60 Hz

練習問題

1 (1) 20 m/s　(2) 5.0 m/s　(3) 0.50 m/s
(4) 0.12 m/s

2 (1) 25 cm/s　(2) 0.25 m/s

3 (1) 60 m　(2) 北東向き 42 m
(3) 北東向き 0.53 m/s

4 (1) 西向き 18 km/h　(2) 東向き 18 km/h
(3) 東向き 5.0 m/s

5 (1) 4.0 s　(2) $-6.0\,\mathrm{m}$（左向き 6.0 m）
(3) $-1.5\,\mathrm{m/s}$（左向き 1.5 m/s）
(4) 略

6 (1) $+3.0\,\mathrm{m}$　(2) 0 m　(3) $-3.0\,\mathrm{m}$
(4) 略　(5) 6.0 m

7 (1) 10 m/s　(2) $1.2 \times 10^2\,\mathrm{s}$

8 (1) $+0.80\,\mathrm{m/s}$　(2) 略

9 (1) $+1.2\,\mathrm{m/s^2}$（正の向きに $1.2\,\mathrm{m/s^2}$）
(2) $-1.6\,\mathrm{m/s^2}$（負の向きに $1.6\,\mathrm{m/s^2}$）
(3) $-1.5\,\mathrm{m/s^2}$（負の向きに $1.5\,\mathrm{m/s^2}$）

10 (1) 略　(2) $4.9\,\mathrm{m/s^2}$

11 (1) $-0.60\,\mathrm{m/s^2}$　(2) $-1.2\,\mathrm{m/s}$
(3) $0\,\mathrm{m/s^2}$　(4) $+0.60\,\mathrm{m/s^2}$　(5) 略

12 (1) 10^2　(2) 10^3　(3) 10^5　(4) 10^{-1}
(5) 10^{-4}　(6) 10^{-2}　(7) 10^{-4}

13 (1) 5.2×10^3　(2) 6.4×10^6
(3) 2.5×10^{-1}　(4) 1.6×10^{-6}

14 (1) 2 桁　(2) 3 桁　(3) 2 桁　(4) 1 桁
(5) 2 桁　(6) 1 桁　(7) 2 桁

15 (1) 3×10^3, 3.0×10^3, 3.00×10^3
(2) 3×10^8, 3.0×10^8, 3.00×10^8
(3) 2×10^{-1}, 2.4×10^{-1}, 2.39×10^{-1}
(4) 1×10^{-3}, 1.1×10^{-3}, 1.09×10^{-3}

16 (1) 3.6　(2) 3.2　(3) 2.3　(4) 0.80
(5) 4.0　(6) 21　(7) 64　(8) 4.2×10^{-2}
(9) 5.5　(10) 1.7　(11) 1.2　(12) -1.85

17 (1) 6.0 m/s　(2) 9.0 m

18 (1) 7.2 m/s　(2) 38 m　(3) 10 s
(4) 60 m

19 15 m

20 (1) 12 s　(2) 右向き 2.2 m/s
(3) 右向き $1.8\,\mathrm{m/s^2}$　(4) 左向き $0.67\,\mathrm{m/s^2}$

21 (1) 3.0 s　(2) 右向き 9.0 m　(3) 6.0 s
(4) 左向き 6.0 m/s

22 (1) $-2.0\,\mathrm{m/s^2}$　(2) 4.0 s　(3) 16 m
(4) 変位：12 m，道のり：20 m

23 (1) 速度：3.0 m/s，変位：3.0 m
(2) 速度：3.0 m/s，変位：12 m
(3) 速度：0 m/s，変位：17 m
(4)(5) 略

24 (1) $0.40\,\mathrm{m/s^2}$　(2) 10 s

25 (1) 39 m/s　(2) 78 m　(3) 11 m/s

26 (1) 20 s　(2) $2.0 \times 10^2\,\mathrm{m/s}$
(3) $7.2 \times 10^2\,\mathrm{km/h}$

27 (1) 1.0 s　(2) 4.9 m　(3) 2.0 s
(4) 39 m

28 (1) 2.0 s　(2) 36 m
(3) 時間：1 倍，水平到達距離：2 倍

29 (1) $0.015\,\mathrm{m}$ $(1.5 \times 10^{-2}\,\mathrm{m})$

(2) $0.40\,\mathrm{m}$ $(4.0\times10^{-1}\,\mathrm{m})$

(3) $0.0032\,\mathrm{m}$ $(3.2\times10^{-3}\,\mathrm{m})$

(4) $0.025\,\mathrm{m}$ $(2.5\times10^{-2}\,\mathrm{m})$

(5) $2400\,\mathrm{m}$ $(2.4\times10^{3}\,\mathrm{m})$

(6) $12000\,\mathrm{m}$ $(1.2\times10^{4}\,\mathrm{m})$

30 (1)～(6) 略

31 (1)(2) 略

32 (1) F_2 と F_3, F_5 と F_6
(2) F_1 と F_2, F_3 と F_4

33 (1) $0.40\,\mathrm{N}$　(2) $0.30\,\mathrm{N}$　(3) $0.60\,\mathrm{N}$

34 (1) $30\,\mathrm{N/m}$　(2) $7.2\,\mathrm{N}$

35 (1) $3.5\,\mathrm{N}$　(2) $1.7\,\mathrm{N}$　(3) $0\,\mathrm{N}$
(4) $2.0\,\mathrm{N}$

36 (1)～(4) 略

37 (1) x 成分：$2.8\,\mathrm{N}$, y 成分：$2.8\,\mathrm{N}$
(2) x 成分：$1.7\,\mathrm{N}$, y 成分：$1.0\,\mathrm{N}$
(3) x 成分：$3.0\,\mathrm{N}$, y 成分：$5.2\,\mathrm{N}$

38 (1)～(3) 略

39 (1) $4.9\,\mathrm{N}$　(2) $4.9\,\mathrm{N}$　(3) $29\,\mathrm{N}$
(4) $29\,\mathrm{N}$

40 (1) $4.9\,\mathrm{N}$　(2) $15\,\mathrm{N}$　(3) $4.9\,\mathrm{N}$
(4) $15\,\mathrm{N}$

41 (1) $4.9\,\mathrm{N}$　(2) $8.5\,\mathrm{N}$

42 (1) $0.20\,\mathrm{m}$　(2) $0.20\,\mathrm{m}$　(3) $0.20\,\mathrm{m}$
(4) $0.10\,\mathrm{m}$

43 ① 0　② 静止　③ 等速直線運動
④ 慣性　⑤ 速度　⑥ 慣性

44 (1) (ア)　(2) 真下に落ちる。

45 ① 加速度　② 比例　③ 反比例
④ 運動　⑤ $ma=F$　⑥ 運動方程式

46 (1) F_1 と F_5, F_3 と F_4　(2) F_1 と F_2
(3) $F_1=F_2$　(4) $F_3=F_4$　(5) $F_1>F_5$

47 (1) $4.0\,\mathrm{m/s^2}$　(2) $-11\,\mathrm{m/s^2}$
(3) $10\,\mathrm{m/s^2}$　(4) $4.0\,\mathrm{m/s^2}$

48 (1) $10\,\mathrm{m/s^2}$　(2) $6.0\,\mathrm{m/s^2}$

49 (1) $\dfrac{F}{m}\,[\mathrm{m/s^2}]$　(2) $\dfrac{3F}{m}\,[\mathrm{m/s^2}]$, 3 倍
(3) $\dfrac{F}{3m}\,[\mathrm{m/s^2}]$, $\dfrac{1}{3}$ 倍

50 (1) $g\,[\mathrm{m/s^2}]$　(2) 1 倍

51 (1) $f\,[\mathrm{N}]$　(2) $\dfrac{F_2-f}{m}\,[\mathrm{m/s^2}]$
(3) $\dfrac{F_3-f'}{m}-\dfrac{1}{2}g\,[\mathrm{m/s^2}]$

52 (1) (a) $Ma=F-f$　(b) $ma=f$

(2) $a=\dfrac{F}{M+m}$　(3) $f=\dfrac{m}{M+m}F$

53 (1) (a) $Ma=F-Mg-N$
(b) $ma=N-mg$
(2) $a=\dfrac{F}{M+m}-g$
(3) $N=\dfrac{m}{M+m}F$

54 (1) (a) $ma=T-\dfrac{\sqrt{3}}{2}mg$
(b) $Ma=Mg-T$
(2) $a=\dfrac{2M-\sqrt{3}\,m}{2(M+m)}g$
(3) $T=\dfrac{(2+\sqrt{3}\,)Mm}{2(M+m)}g$

55 (1) $g-\dfrac{kv}{m}$　(2) $v_f=\dfrac{mg}{k}$　(3) 略

56 (1)～(4) 略

57 (1) $17\,\mathrm{N}$　(2) $39\,\mathrm{N}$　(3) 0.76

58 (1) $\mu'Mg$　(2) $\dfrac{(1+\mu')Mm}{M+m}g$
(3) $\dfrac{m-\mu'M}{M+m}g$

59 (1) $\mu'mg$
(2) A：$Ma_1=\mu'mg$, B：$ma_2=F-\mu'mg$
(3) $a_1=\dfrac{\mu'mg}{M}$, $a_2=\dfrac{F-\mu'mg}{m}$

60 (1) 10^9　(2) 10^2　(3) 6.0×10^5
(4) 5.0×10^{-2}　(5) $1.0\times10^{-2}\,\mathrm{m}$
(6) $1.0\times10^{-4}\,\mathrm{m^2}$　(7) $1.0\times10^{-6}\,\mathrm{m^3}$
(8) $1.0\times10^{-3}\,\mathrm{kg}$　(9) $1.0\times10^{3}\,\mathrm{kg/m^3}$
(10) $1.013\times10^5\,\mathrm{Pa}$　(11) $1.013\times10^5\,\mathrm{Pa}$

61 (1) $2.4\times10^{-2}\,\mathrm{m^3}$　(2) $5.0\times10^2\,\mathrm{kg/m^3}$
(3) 浮く　(4) $9.8\times10^2\,\mathrm{Pa}$

62 $2.0\times10^5\,\mathrm{Pa}$

63 $1.0\,\mathrm{kg}$

64 (1) $5.0\times10^2\,\mathrm{m^3}$　(2) $3.0\times10^6\,\mathrm{N}$
(3) $3.0\times10^5\,\mathrm{kg}$

65 (1) $\rho'Vg\,[\mathrm{N}]$　(2) $\rho Vg\,[\mathrm{N}]$
(3) $(\rho-\rho')Vg\,[\mathrm{N}]$

66 (1) $15\,\mathrm{J}$　(2) $-8.0\,\mathrm{J}$　(3) $0\,\mathrm{J}$
(4) $17\,\mathrm{J}$　(5) $-40\,\mathrm{J}$　(6) $15\,\mathrm{J}$

67 (1) $5.0\,\mathrm{J}$　(2) $-5.0\,\mathrm{J}$

68 (1) $35\,\mathrm{J}$　(2) $0\,\mathrm{J}$　(3) $0\,\mathrm{J}$
(4) $35\,\mathrm{J}$　(5) 1 倍

69 (1) $F=50\,\mathrm{N}$　(2) $W_1=5.0\times10^2\,\mathrm{J}$
(3) $W_2=0\,\mathrm{J}$　(4) $W_3=-5.0\times10^2\,\mathrm{J}$

70	(1) 4.0×10^2 W (2) 45 W
71	(1) $F = 20$ N (2) $W = 2.0 \times 10^2$ J
	(3) $P = 30$ W
72	(1) $F = 8.0$ N (2) 80 J (3) 32 W
73	(1) $f_1 = 1.0 \times 10^2$ N (2) $W_1 = 3.0 \times 10^2$ J
	(3) $f_2 = 60$ N (4) $W_2 = 3.0 \times 10^2$ J
	(5) $W_1 = W_2$ (6) 仕事の原理
74	(1) 9.0 J (2) 24 J (3) 0.20 J
75	(1) 24 J (2) 50 J (3) -30 J
	(4) -14 J
76	(1) 5.0 m/s (2) 5.0 m/s
77	点 A : 2.0×10^2 J 点 B : 0 J
	点 C : -98 J
78	点 A : 9.8 J 点 B : 4.9 J 点 C : 0 J
79	0.90 J
80	(1) $W = -\dfrac{1}{2}mv_0^2$ 〔J〕 (2) $\dfrac{mv_0^2}{2x}$ 〔N〕
81	(1) 45 J (2) 35 J (3) 80 J
82	(1) 6.0 J (2) 4.0 J (3) 10 J
83	(1) 9.8 J (2) 9.8 J (3) 0 J
84	(1) $-\dfrac{1}{2}mgl$ (2) $-\dfrac{1}{2}mgl$
	(3) $W_1 = W_2$
85	(1) $K_A = 0$, $U_A = mgh$
	(2) $K_B = \dfrac{1}{2}mv^2$, $U_B = 0$
	(3) $v = \sqrt{2gh}$
86	(1) $H = \dfrac{v_0^2}{2g}$ 〔m〕 (2) $v = v_0$ 〔m/s〕
87	(1) $x = v_0\sqrt{\dfrac{m}{k}}$ 〔m〕 (2) $v = v_0$ 〔m/s〕
88	(1) $K = \dfrac{1}{2}mv_0^2$, $U = mgh$
	(2) $H = h + \dfrac{v_0^2}{2g}$ (3) $v = \sqrt{v_0^2 + 2gh}$
89	(1) $v_B = \sqrt{2g(h_A - h_B)}$ (2) $v_C = \sqrt{2gh_A}$
	(3) $\dfrac{v_2}{v_1} = \sqrt{\dfrac{h_B}{h_A - h_B}}$
90	(1) 張力は仕事をしないから。
	(2) $v_B = \sqrt{2gl}$ (3) $v_C = \sqrt{gl}$
	(4) $v_D = 2\sqrt{gl}$
91	(1) $k = \dfrac{mg}{l}$
	(2) $K = \dfrac{1}{2}mv^2$, $U_1 = -mgx$, $U_2 = \dfrac{mg}{2l}x^2$
	(3) $K + U_1 + U_2 = 0$ (4) $V = \sqrt{gl}$

	(5) $L = 2l$
92	(1) 動摩擦力が仕事をするから。
	(2) 89 J (3) 36 J (4) -53 J
93	(1) $\dfrac{1}{2}ka^2$ (2) $a\sqrt{\dfrac{k}{m}}$
	(3) $\sqrt{\dfrac{ka^2}{m} - 2\mu'gL}$ (4) $\sqrt{\dfrac{2mg(h + \mu'L)}{k}}$
	(5) $2\sqrt{\dfrac{\mu'mgL}{k}}$
94	③ 理由 力学的エネルギー保存の法則より，点 C を飛び出した後の最高点での運動エネルギーの分だけ，点 A よりも低いところまででしか到達しないから。
95	(1) 10^3 (2) 2.4×10^2 (3) 6.0×10^6
	(4) 2.0×10^2
96	(1) 373 K (2) 273 K (3) 801 ℃
	(4) -196 ℃ (5) 40 ℃, 40 K
97	(1) B : (エ), D : (オ), E : (ウ)
	(2) T_1 : 融点, 0 ℃ T_2 : 沸点, 100 ℃
	(3) B : 融解熱, D : 蒸発熱
98	(1) 3.3×10^4 J (2) 4.6×10^5 J
99	(1) 25 J/K (2) 0.50 J/(g·K)
100	(1) 2.1 J/(g·K) (2) 3.4×10^2 J/g
101	30 ℃
102	(1) $m_1 c_1 (T - t_1)$ (2) $\dfrac{m_1(T - t_1)}{m_2(t_2 - T)} c_1$
103	(1) 8.0×10^3 J (2) 1.6×10^2 ℃
104	(1) 600 J, 増加 (2) 350 J, 増加
	(3) -300 J, 減少
105	① 仕事 ② 熱力学第1 ③ 減少
	④ 下 ⑤ 水蒸気
106	仕事 : 180 J, 熱量 : 420 J
107	(1) 1.2×10^5 J (2) 0.25
108	(ア), (イ), (ウ), (オ)
109	振幅 : 1.5 m, 波長 : 4.0 m, 速さ : 16 m/s, 周期 : 0.25 s
110	(1) $\lambda = 8.0$ m, $A = 3.0$ m (2) $v = 12$ m/s
	(3) $f = 1.5$ Hz, $T = 0.67$ s
111	(1) 略
	(2) ① c, k ② a, e, i, m ③ e, m
	④ a, i ⑤ c, g, k ⑥ a, i
112	(1) i, q (2) e, m (3) k (4) g, o
	(5) j (6) f, n
113	(1) $A = 2.5$ m, $\lambda = 2.0$ m
	(2) $f = 2.0$ Hz, $T = 0.50$ s

114 (1) $A = 2.0\,\text{m}$, $T = 0.40\,\text{s}$, $f = 2.5\,\text{Hz}$
(2) $\lambda = 12\,\text{m}$　　(3) 略

115 略

116 (1) ① 略　　② 2.1 m　　③ 3 個
(2) ① 略　　② 0 m　　③ 3 個

117 (1) a…自由端, s…固定端
(2) $\lambda = 0.80\,\text{m}$, $T = 2.0\,\text{s}$,
$f = 0.50\,\text{Hz}$
(3) a, e, i, m, q

118 (1) 5.0 s　　(2) $x = 0$, 4.0, 8.0 m
(3) 5.0 m　　(4) 0 m
(5) $x = 2.0$, 6.0, 10.0 m

119 (1) $V = 343.5\,\text{m/s}$　　(2) $t = 32\,℃$

120 (1) $f = 3$　　(2) $f_A = 503\,\text{Hz}$

121 (1) $\lambda_1 = 0.30\,\text{m}$, $v_1 = 1.1 \times 10^2\,\text{m/s}$
(2) $l = 0.75\,\text{m}$
(3) $\lambda_2 = 0.40\,\text{m}$, $v_2 = 1.4 \times 10^2\,\text{m/s}$

122 (1) $\lambda = 56.0\,\text{cm}$, $\varDelta x = 0.5\,\text{cm}$
(2) $V = 336\,\text{m/s}$
(3) $\lambda' = 33.6\,\text{cm}$, $f' = 1000\,\text{Hz}$

123 (1) $\lambda = 80\,\text{cm}$, $f = 425\,\text{Hz}$, $\varDelta x = 1\,\text{cm}$
(2) $\lambda' = 120\,\text{cm}$, $f' = 283\,\text{Hz}$

124 (ア)引　　(イ)同種　　(ウ)マイナス（負）
(エ)プラス（正）

125 (ア)導体　　(イ)自由電子
(ウ)不導体（絶縁体）　　(エ)半導体

126 (1) ティッシュペーパーからパイプに
移動した。
(2) 3.0×10^{11} 個

127 6.3×10^{18} 個

128 (1) $1.2 \times 10^3\,\text{C}$　　(2) $1.6 \times 10^{-19}\,\text{C}$

129 (1) It〔C〕　　(2) $\dfrac{It}{e}$〔個〕　　(3) $\dfrac{I}{enS}$〔m/s〕

130 (1) 500 Ω　　(2) 120 Ω　　(3) 600 Ω
(4) 100 Ω　　(5) 120 Ω　　(6) 280 Ω

131 (1) 4.5 V　　(2) 3.0 V　　(3) 7.5 V

132 (1) 20 V　　(2) 1.0 A　　(3) 3.0 A

133 (1) 6.0 Ω　　(2) 12.0 Ω
(3) ac 間の電圧：6.0 V, ab 間の電圧：3.0 V
(4) 0.30 A　　(5) 0.20 A

134 (1) 7.0 Ω　　(2) $1.5 \times 10^{-5}\,\text{Ω·m}$
(3) $3.0 \times 10^{-7}\,\text{m}^2$　　(4) 6.0 m

135 (1) 4 倍　　(2) 6.0 Ω　　(3) 4.5 Ω

136 (1) $R_1 = 5.0 \times 10^2\,\text{Ω}$, $R_2 = 2.0 \times 10^2\,\text{Ω}$,
$R_3 = 5.0 \times 10^2\,\text{Ω}$, $R_4 = 2.0 \times 10^2\,\text{Ω}$
(2) $P_1 = 10\,\text{W}$, $P_2 = 4.1\,\text{W}$
(3) $P_3 = 20\,\text{W}$, $P_4 = 50\,\text{W}$
(4) R_4, R_3, R_1, R_2

137 (1) $1.4 \times 10^3\,\text{J}$　　(2) 3.4 K

138 (1) $3.2 \times 10^3\,\text{J}$　　(2) $3.2\,\text{J/(g·K)}$

139 略

140 (1) オ　　(2) カ

141 (1) a の向き　　(2) b の向き

142 (1) a の向き　　(2) b の向き

143 (1) $10^9\,\text{Hz}$　　(2) $10^6\,\text{Hz}$　　(3) $10^6\,\text{MHz}$

144 (1) 200 km　　(2) 40 Ω
(3) $4.0 \times 10^2\,\text{kW}$, 4.0 %　　(4) 0.25 倍

145 D, B, E, A, C

146 (1) 141 V　　(2) 50 Hz　　(3) 2.0 A, 2.8 A

147 (1) 60 V　　(2) 72 W　　(3) 6.0 A

148 ① ベクレル　　② 500　　③ グレイ
④ シーベルト

149 (1) α 線：ヘリウム（^4_2He）原子核, β 線：電子,
γ 線：電磁波
(2) γ 線, β 線, α 線　　(3) α 線, β 線, γ 線
(4) α 線　　(5) β 線

150 ① F　　② C

センター過去問演習

1 ③

2 問 1 ③　　問 2 ④

3 ③

4 ②

5 ③

6 問 1 ⑤　　問 2 ③　　問 3 ②

7 問 1 ②　　問 2 ⑥　　問 3 ⑦　　問 4 ③

8 問 1 ③　　問 2 ①　　問 3 ①

9 問 1 ⑤　　問 2 ③

10 問 1 ④　　問 2 ③

11 問 1 ③　　問 2 ⑤　　問 3 ④
問 4 ⑥　　問 5 ②　　問 6 ①

12 問 1 ③　　問 2 ④
問 3 台車：④, 小物体：②
問 4 台車：③, 小物体：②　　問 5 ④

13 問 1 ⑦　　問 2 ⑤　　問 3 ①

| 14 | 問1 ② | 問2 W_1:①, W_2:④ |

| 15 | 問1 ③ | 問2 ② |

| 16 | 問1 ③ | 問2 ① |

| 17 | 問1 ⑥ | 問2 ① |
問3 ア:③, イ:④

| 18 | 問1 ④ | 問2 ① | 問3 ③ |

| 19 | 問1 ③ | 問2 ① |

| 20 | 最も大きいもの:③, 最も小さいもの:④ |

| 21 | ③ |

| 22 | ② |

| 23 | 問1 ③ | 問2 ② |

| 24 | 問1 ④ | 問2 ⑤ | 問3 ④ |

| 25 | ① |

| 26 | ア:③, イ:⑥ |

| 27 | 問1 ① | 問2 ③ | 問3 ④ |

| 28 | ⑥ |

| 29 | 問1 ② | 問2 ④ |

| 30 | 問1 ④ | 問2 ⑤ | 問3 ② |

| 31 | 問1 ④ | 問2 ① | 問3 ⑥ |

| 32 | ④ |

| 33 | ② |

| 34 | 問1 ⑤ | 問2 ⑧ |

| 35 | 問1 ア:④, イ:③ | 問2 ⑥ |

| 36 | 問1 ③ | 問2 ① |

| 37 | 問1 ⑥ | 問2 2:②, 3:① |

| 38 | 問1 1:⑥, 2:③, 3:②, 4:⑤ |
問2 ② 問3 ③

| 39 | ⑤ |

| 40 | 問1 ① | 問2 ③ |

大学入学共通テスト特別演習

第1問 問1 1:③ 問2 2:②, 3:⑤, 4:③
問3 5:②,⑤
第2問 問1 1:④ 問2 2:③
問3 3:④ 問4 4:⑦, 5:⑤, 6:①
問5 7:④
第3問 問1 1:③ 問2 2:⑧, 3:①
問3 4:⑤
第4問 問1 1:① 問2 2:①

問3 3:③, 4:⓪, 5:①
問4 6:③
第5問 問1 1:③ 問2 2:③, 3:⑤, 4:②
問3 5:⓪ 問4 6:④
問5 7:③, 8:③, 9:②
問6 10:①
第6問 問1 1:① 問2 2:⑤
問3 3:③ 問4 4:④
第7問 問1 1:⑧ 問2 2:②
問3 3:② 問4 4:②,③
第8問 問1 1:⑧ 問2 2:④
問3 3:② 問4 4:⑤
問5 5:④

ベストフィット物理基礎

表紙・本文基本デザイン
難波邦夫

● 編　者──実教出版編修部

● 発行者──小田　良次

● 印刷所──共同印刷株式会社

● 発行所──実教出版株式会社

〒102-8377
東京都千代田区五番町5
電話〈営業〉(03)3238-7777
　　　〈編修〉(03)3238-7781
　　　〈総務〉(03)3238-7700
https://www.jikkyo.co.jp/

002502022　　　　　　　ISBN978-4-407-36048-6

4 求めた答えの検証

物理の問題では，計算結果からミスを発見できる場合がある。求めた答えが妥当であるか，ふりかえる習慣を身につけよう！

1 数値計算問題の場合

「長さ」や「時間」などの量が具体的な数値で与えられている問題では，求めた数値が「もっともらしい値」かどうかを考えることでミスを発見できる場合がある。

1) 例題 2(1)(p.5)において，$t=0\,\text{s}$ から $2.0\,\text{s}$ の間の平均の速度を求めた結果が $20\,\text{m/s}$ となった場合は，「もっともらしい値」ではない。なぜなら，$x\text{-}t$ グラフを見ると，$t=0\,\text{s}$ から $2.0\,\text{s}$ の間で $4.0\,\text{m}$ しか進んでいないので，平均の速度が $20\,\text{m/s}$，つまり 1 秒間あたりに $20\,\text{m}$ も進むことはおかしいと気がつく。

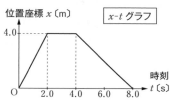

桁違いに大きすぎたり，小さすぎたりしていないか確認しよう！

2 文字式で与えられている問題の場合

「長さ」や「時間」などの量が，x や t などの文字式で与えられている問題では，途中の式や求めた答えの単位を確認することでミスを発見できる場合がある。

2) a を加速度，t を時間として，変位を at と答えるのは，明らかに間違っていることがわかる。a の単位は〔m/s²〕，t の単位は〔s〕だから，at の単位は〔m/s²〕×〔s〕= $\left[\dfrac{\text{m}}{\text{s}^2}\right]$ ×〔s〕= $\left[\dfrac{\text{m}}{\text{s}}\right]$ =〔m/s〕となり，変位の単位〔m〕になっていない（〔m/s〕は速度の単位）。このように，文字の単位を考えることによって，ミスがないか確認することができる。

3) 途中の式や求めた答えの中に $m+M^2$ のような式が現れたら（m, M はそれぞれ質量），明らかにミスをしている。なぜなら，単位を考えると $m+M^2$ は〔kg〕と〔kg²〕の和となっており，このような足し算はあり得ないからである。

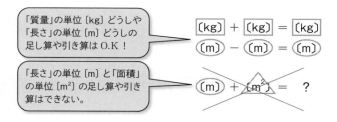

「質量」の単位〔kg〕どうしや「長さ」の単位〔m〕どうしの足し算や引き算は O.K！

「長さ」の単位〔m〕と「面積」の単位〔m²〕の足し算や引き算はできない。

「単位」に着目して，文字式の答えにミスがないか確認しよう！

※ 「質量」，「長さ」，「時間」等のことを**次元** (dimension) とよび，それぞれ [M], [L], [T] 等の記号で表す場合もある。

5 ベクトル

1 スカラーとベクトル

大きさだけをもつ量をスカラーという。　例 質量 2.0 kg　体積 3.0 m³

　大きさと向きをもつ量をベクトルという。これを図に
表すとき, 矢印を用いる。また, 式に表すときは, $\vec{a}$ の
ように, 記号の上に→をつける。

向き / 大きさ

例 左向きに 3 N の力
（1目盛りを 1 N とする）

左向き ← 3N

2 ベクトルの和

2つのベクトル $\vec{a}$ と $\vec{b}$ の和 $\vec{a}+\vec{b}$ を計算するプロセス（スカラーの和と同じプロセス）

プロセス 1　$\vec{a}$ を図示する。

プロセス 2　$\vec{a}$ の先に $\vec{b}$ をつけ足す。

プロセス 3　$\vec{a}$ の始点から $\vec{b}$ の終点に矢印をひく。

＜平行四辺形の法則＞
上記のプロセスを別の表現にすると

始点をそろえて $\vec{a}$ と $\vec{b}$ をかく。
$\vec{a}$ と $\vec{b}$ を2辺とする平行四辺形
をかく。
平行四辺形の対角線が $\vec{a}+\vec{b}$。

（参考）
スカラーの和（3+2＝5）を数直線で考える。

　＋方向に3移動する。

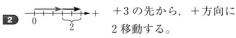　＋3の先から, ＋方向に
2移動する。

　3+2は, ＋方向に5移
動するのと同じ。

3 ベクトルの差

2つのベクトル $\vec{a}$ と $\vec{b}$ の差 $\vec{a}-\vec{b}$ を計算するプロセス（スカラーの差と同じプロセス）

プロセス 1　$\vec{a}$ を図示する。

プロセス 2　$\vec{a}$ の先に $-\vec{b}$ をつけ足す。

プロセス 3　$\vec{a}$ の始点から $-\vec{b}$ の終点に矢印をひく。

$\vec{b}$ と同じ長さで
逆向き

上記のプロセスを別の表現にすると

始点をそろえて $\vec{a}$ と $\vec{b}$ をかく。
$\vec{b}$ の終点から $\vec{a}$ の終点に矢印をかく。
これが $\vec{a}-\vec{b}$。

さらに別の表現にすると

（参考）
スカラーの差（5−1＝4）を数直線で考える。

　＋方向に5移動する。

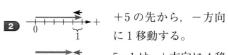　＋5の先から, −方向
に1移動する。

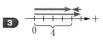　5−1は, ＋方向に4移
動するのと同じ。